成功，从做好

自己的工作开始

不去耕耘，不去播种，再肥的沃土也长不出庄稼；
不去奋斗，不去创造，再美的青春也不会闪光。

只有脚踏实地的人，才能看到怒放的成功之花。
成功的奥秘在于目标的坚定。

李志勇　张小冰◎著

中国言实出版社

图书在版编目(CIP)数据

成功，从做好自己的工作开始/李志勇，张小冰著.
— 北京：中国言实出版社，2013.4
ISBN 978-7-5171-0099-7

Ⅰ．①成… Ⅱ．①李…②张… Ⅲ．①成功心理－通俗读物
Ⅳ．①B848.4－49

中国版本图书馆 CIP 数据核字(2013)第 064725 号

责任编辑：李　生　孙法平

出版发行	中国言实出版社
地　　址	北京市朝阳区北苑路 180 号加利大厦 5 号楼 105 室
邮　　编	100101
电　　话	64966714(发行部)　51147960(邮　购)
	64924853(总编室)　56423695(编辑部)
网　　址	www.zgyscbs.cn
E-mail	zgyscbs@263.net
经　　销	新华书店
印　　刷	北京市德美印刷厂
版　　次	2013 年 4 月第 1 版　2013 年 4 月第 1 次印刷
规　　格	710 毫米×1000 毫米　1/16　14.5 印张
字　　数	208 千字
定　　价	32.00 元　ISBN 978-7-5171-0099-7

想成功，先发疯，不顾一切向前冲。在职场，这是句已经广泛流传的话，也是早已深入人心的一种成功逻辑。"要发疯"，说明大家对成功的炽热程度，"不顾一切"则说明大家对成功志在必得的心态。那么，成功真的需要我们发疯吗？不顾一切向前冲就一定会成功吗？也许一切都只能让结果来说话。

可以肯定的是，想要成功就不能在什么都没有准备好的情况下就急急忙忙出发。我们必须先要把该做的工作做好，或者说要不顾一切地先把自己的工作做好，这是成功的起点。如果一个人还没有行动就已经输在了起点，那么前方就更无成功可能。

如果将成功所需要的那种情绪状态称为发疯的话，那么这种疯狂首先一定要先找对方向，不能总是好高骛远地把眼睛盯在前方，而是应该学着低下头，看看自己手头的工作完成得如何。只要我们懂得把工作当成事业来做，成功其实并不难。

纵观那些在职场获得成功的人，没有一个不是将做好自己工作作为成功起点的。天下没有不能成功的人，只有不愿做好当下工作的人；天下也没有做不好的工作，只有不好好工作的人。任何成功都是当下努力的结果，而我们所能把握的也只有当下。一个人也许对成功的渴望已经几乎疯狂，但只有在他懂得在做具体工作时保持不急不躁的情绪，并忘我地投入其中，才能真正踏上通往成功的路。

阻碍我们成功的，往往不是工作本身，而是我们头脑中对成功近乎疯狂的各种杂念。如果我们每天能够竭尽全力投入到工作中，让每一天都能为日后的成功加分的话，那么属于我们的成功就会不请自来。

工作中，自觉自愿、积极主动是一个人更早实现成功的加速器。工作时不要脑子里总想着其他美好却虚幻的东西，也不要让抱怨情绪影响自

1

己的工作，这样我们才能使工作又快又好地完成。当我们对手中的工作开始因厌倦而拖延、应付时，我们追求成功的速度就会一天天慢下来，以致成功变得遥遥无期。

职场中，什么样的员工最易获得成功？当然是那些踏踏实实做好手中工作、勇于对工作负责的人。这种责任意识和职业素养，就是员工通往成功之路上的方向盘，具有责任意识和良好职业素养的员工总是受到领导青睐从而使成功一点点向自己走来。

职场中若想更容易成功，就应该学会与周围其他人进行有效的沟通，懂得在问题和矛盾面前换位思考。同时，无论自己在工作中遇到了什么事情，都应该表现出对企业的感恩和对老板的忠诚。这是职场成功的最基本准则，也是最重要法宝。

搭建成功的金字塔不但要借助别人的力量，更需要我们自己的手垒起一砖一瓦，也就是做好一个个看起来并不起眼的小事。很多人失败，往往不是败在大事上，而是败在工作中一些不起眼的小事上。所以，从某种意义上说，把工作上的小事做好了，成功自然会水到渠成。

在追求成功的路上，我们要有一种对当下工作永不满足的工作热情，还要有视企为家的那种全心全意为企业服务的工作意识。这也是想在职场获得事业成功的一种基本素质，一个人也只有具备这样的素质，才能有更大更久的成功。

总结起来，成功也就一句话，那就是全心全意、竭尽所能地做好自己的本职工作。把握住了这一点，我们就已经成功了一半，而如果我们能将所知道的这些都落实到了工作实处，那么就没有人能够阻拦我们成功。

知道如何做才能成功，比疯狂地追求成功更重要，也更实际可行。亲爱的员工朋友，如果你已经下定决心要成功，那么这就是你为什么一定要读这本书的最好理由了。

目 录
Contents

第一章　做好自己工作是走向成功的起点

大多数人都认为成功犹如登高峰一般艰难,真有这么难吗? 对于现代员工来说,只需做好自己的工作,把工作当成事业来做,成功并没有想象的那么高不可攀。不是吗? 不信,你稍稍留意一下身边的成功人士,他们或许没有你想象的聪明能干,但他们之所以能获得成功,最根本的原因是:在工作中从容不迫,把握住当下,没有"做了就可以"的思想,对任何工作都以"做好了"为原则。如果你也希望成功变得简单起来,不妨向他们学习吧!

第二章　忘我工作、全心投入是驶向成功的发动机

如果你想成功得更快一些,那么就竭尽全力,以忘我的精神做好工作吧。只有百分百地投入,每一天的付出才会为成功加分。然而,许多员工在工作中,总是被这样那样的杂事缠身,使自己无法全心投入工作之中,尤其是还有不少员工认为自己是在为老板工作。在这样的情绪状态下,自然会让工作结果大打折扣,走向成功的脚步必然会慢下来,甚至落在了他人后面。

第三章　积极主动、自觉自愿是驶向成功的加速器

　　自古以来成功总是属于那些刻苦勤奋的人，对于现代员工来说更是如此。然而，拖延总是牵绊着你走向成功的脚步，懈怠总是让你与成功失之交臂，甚至于变成职场"老油条"。如此情形之下，成功还会垂青于你吗？回答是否定的。要改变这样的状态，就要自发自愿地做好工作中的每一件事情，无论事大事小，都要尽全力做好，才能提升工作质量，工作才更易做得又快又好。成功也一定会在不远处等着你！

第四章　敢于担当、负责到底是驶向成功的方向盘

　　一个在工作中敢于担当、负责到底的员工，必然能把握住成功的方向，用自己的行动来证明自己。一个真正负责的员工首先是一个善于服从的人，因为上司给你指令时，也等于在向你传递成功的机会。只有抓住了机会的人，才能在工作中扩展职责，找对成功的方向。

第五章　换位思考、有效沟通是驶向成功的润滑剂

智商高的人会做事,情商高的会做人,然而,事情做得再好,不会做人,同样做不好工作,难以取得成功。一个真正能在工作中获得成功的员工,不仅是一个会做事的人,还一定是一个懂得换位思考、善于进行有效沟通的高手。

第六章　忠于企业、感恩老板是驶向成功的直通车

成功的方法和途径很多,最简单的方法是忠于企业,最简单的途径是感恩老板。一个心怀感恩的员工,必定能成为伯乐眼中的千里马,而一个对企业忠诚的员工,成功更会垂青于他。让感恩唤醒你身体里沉睡的潜能吧,你会发现自己的智慧和才能在磨砺中得到倍增,成功的距离也越来越近!让忠诚守护你的心灵吧,你会经受得起走向成功的任何考验!

第七章　做好小事、注重细节是成功之树常青的保障

> 再伟大的事情也是由一件件不起眼的小事所组成的。古人讲，修身、齐家、治国、平天下。梦想再大，也要一步步地走，没有谁能一口吃成个胖子。所以，对于一名员工来说，想要事业成功，也必须先从日常工作的小事做起，做好小事，把每一个细节都做到位，成功之树终能结出胜利的硕果。

第八章　提高效率、节约成本是走向成功的首要法则

> 企业要想在激烈竞争的市场中站稳脚跟，并永远领先于同行，就必须要求员工提高效率、节约成本。只有员工在工作中做出了实效，企业发展才能走上提高效率、节约成本的"双轨道"。对于员工的个人发展道路来说也是如此，提高效率、节约成本同样是员工职业道路的"双轨道"。

第九章　永不满足、追求卓越是成功者的一流品质

> 优秀是一种习惯，成功是一种品质。一个优秀的人对待自己的工作，具有一种追求最好的职业习惯；而一个成功者则具有在自己的岗位上兢兢业业、尽职尽责，对成绩永不满足，对结果精益求精的优秀品质。知道了自己与他们的差别，我们在追求自己的成功道路上也就找到了前进的方向。

第一章

做好自己工作是走向成功的起点

大多数人都认为成功犹如登高峰一般艰难,真有这么难吗? 对于现代员工来说,只需做好自己的工作,把工作当成事业来做,成功并没有想象的那么高不可攀。不是吗? 不信,你稍稍留意一下身边的成功人士,他们或许没有你想象的聪明能干,但他们之所以能获得成功,最根本的原因是:在工作中从容不迫,把握住当下,没有"做了就可以"的思想,对任何工作都以"做好了"为原则。如果你也希望成功变得简单起来,不妨向他们学习吧!

1.

把工作当成事业来做，成功并不难

许多人都对自己的工作不满，他们认为自己是迫于无奈才选择了这份工作，或者，他们认为自己的工作枯燥无味，无聊透顶，完全不是自己所想象的情形。所以他们不懂得尊重自己的工作，觉得没什么意思，非常不快乐。

因为他们觉得企业成就的是老板的事业，企业的一切成果与自己无关，自己只是个可怜的打工者，换取的只是维持生计的薪水而已。的确，许多人都认为自己的事业与企业无关，甚至认为事业是建立在自己干一番大事的基础上，而自己的工作是那么卑微，自己在工作中是那么渺小，想要通过努力工作来成就事业，那绝对是不可能的事情！

于是，他们把工作当作是一件苦差事，在工作中愁眉苦脸，唉声叹气，数着时间等下班，在碌碌无为中虚度光阴，从最初对工作的热爱到应付工作，再到逃避工作，最后除了盯住眼前的个人利益，再也看不到他们曾经的认真负责和积极进取。他们的职业道路已经被阻断在了半路上，他们的职业生涯陷入到极大的危机之中。

联想的CEO杨元庆，1988年进入联想时，刚满24岁，公司给他安排的第一份工作是做业务员；百度创始人李彦宏的成功道路也是从"打工族"走出来的；还有中国第一职业经理人唐骏，进入微软公司时只是个最基层的程序员，通过十年努力，才坐上微软中国区总裁的位子……在新一代的成功人士中，这样的人还有很多，不胜枚举。其中道理只有一个，就是一个人只要把工作当成事业来做,成功并不难。

一个人可以一夜暴富,但是不可能一夜成功,因为每一个成功者都经历了"十年磨一剑"的过程。他们无不是从本职工作开始,通过坚持不懈的努力,在工作的磨砺中一点一点积累,才获得成功的。成功的光环实际上闪烁的是他们的每一点成长、他们的每一件工作,还有他们的汗水和泪水。可以说,工作是事业的基石,事业却包含了工作。如果你把工作当成事业来做,自觉性和进取心会促使你把工作做到最好,那么成功还会远吗?

秦小玲是一家知名企业唯一的一名临时清洁工,她只读到初中毕业,打了一年的零工后,她经老乡介绍才进的这家企业,也就是说"靠了点关系"。

她是公司最小的清洁工,也是最年轻的员工,她的工作最辛苦,工资也最低。但是她不仅每一天都能把自己的工作做好,而且每件工作都做得非常细致,别人拖一遍地,她要拖上两三次,每一个坐便器,她一天都要擦上三四遍。此外,她还毫不吝啬地向每个人提供帮助。

她对工作非常认真负责,别人不愿意打扫的地方,她却要抢着去打扫,别人认为清洁工的工作是低贱的,总是会看不起自己的工作,她却不这么想,她为自己在这样的名企里工作而感到骄傲自豪。

她进公司才半年时间,却凭着对工作的认真、对他人的帮助,还有脸上始终挂着的笑容为大家所接受。渐渐地,大家都认识了这位小清洁工,还亲切地叫她"小玲子",甚至连董事长都知道了公司有个乐观向上的小清洁工叫"小玲子"。

有一次,下班的铃声已经响了,秦小玲和保洁部的同事们正准备去打下班卡。在路过办公大楼一层时,闻到了一股臭臭的味道,同事们正议论这味道的来源,秦小珍已经发现是男卫生间堵塞了。

秦小玲二话没说，就重新穿上工作服，拿上工具清理起臭烘烘的坐便器来。有好几个同事过来叫她一起回家，并对她说，这个工作可以放到明天，请家政公司的人来处理。但是秦小玲却说，等到明天，只怕臭气就要散发到整个一层办公大厅了，再等到家政公司的人来，整个办公大楼都臭气熏天了，到那时不仅会影响大家一天的正常工作和情绪，还会有损公司的形象。

秦小玲坚持一个人留下来疏通堵塞的厕所。她想了很多办法，花了两个多小时才将厕所完全疏通。此时，秦小玲已累得满头大汗，她还是决定将男卫生间打扫一新后再下班回家。

做完清洁工作后，她正拿着工具往工作间走，却碰到了董事长。董事长觉得清洁工的工作是不需要加班的，于是问她："你在忙什么？清洁工也需要加班吗？"

"不需要的，董事长。"秦小玲毕恭毕敬地说。

"那你为什么要加班？"董事长不高兴地问。

秦小玲不知如何回答好。

"看来你太年轻了，不太会做事情呀。"董事长皱了皱眉，颇为不悦。

秦小玲红着脸站那里，不知如何是好，董事长没有再说什么，让她赶快换好衣服回家。

第二天早上，秦小玲怀着忐忑不安的心情来到公司，却听见同事们正在议论昨天卫生间堵塞的事，她赶忙拿上工具去打扫卫生。

正当她忙着搬楼角里的废纸箱时，董事长走过来，并亲切地叫她："小玲子，快过来一下！"

她愣了一下，腿像灌了铅一般，好久才走到董事长面前，不安地看着董事长。董事长郑重地说："谢谢你，小同志！"

董事长接着说："对不起，昨天的事，我错怪你了！"

秦小玲这才知道董事长叫她不是要批评她，而是要表扬她。她不好意思起来，低声说："这是我的分内工作，我做事有个习惯,当天的事情不做完,我会睡不着觉的。"

"好啊,很好啊!"董事长竖起了大拇指连声赞道,"你正是公司需要的人啊,小玲子同志,愿意加入我们吗?"

秦小玲高兴地说:"我愿意,这是我一直以来的心愿!"

当晚秦小玲就在日记本上写下了这样一段话:我将把工作当成自己的终生事业来做,不断努力,不畏艰难,勇往直前,将每一件工作、每一件事情、每一天都当成是走向成功的脚印!

秦小玲成了公司的正式员工,而且是公司有史以来在最短的工作时间转正的年龄最小的员工。自从辍学出来打工,她一直没有放弃过学习,工作之余,她一直坚持自学高中的语文和英语课程,还阅读了大量有益的书籍。在大家的帮助下,她开始学习电脑,几个月后,她通过考试正式成为办公室的一名文员,在职场迈出了成功的第一步。

做好工作是走向成功的起点,将工作当成事业来做,成功并不难。相信许多在工作中取得成功的人们,都有过秦小玲类似的经历。而大多数在职场取得成功的员工,都是通过工作的积累才有机会拥有自己的事业的。因此,当你还在觉得工作毫无意义时,你可以将自己与秦小玲做个对比,你会发现你样样都比她强,你会觉得自己应该比她更成功,而且你的运气也比她好几倍。那么,你还有什么理由不去为成功努力呢?

工作是谋生的手段,是工资的来源,这是工作表面的含义,工作对于每个人来说还有更深层的意义。工作在满足我们的物质所需的同时,也锻炼了我们的能力,增长了我们的才干,让我们与他人和谐相处,为我们实现理想和获得成功奠定了基础。

没有工作,我们的才能就无处发挥,我们就无处获得深层的使命感和成就感,并以此来证明自己的价值。所以说,工作的意义不仅停留在解决了我们的衣、食、住、行等需要,每个人工作的意义应该与其人生意义是对接的,人生之路将更顺畅,成功将会变得简单。

从这个意义上来说,工作是发现自我、晋升自我、实现自我的过程。

明白了这个道理，把工作当成事业来做，你将不仅会在平凡的岗位上焕发出灿烂的光彩，还会轻松赢得人生最大的成功！

2.

成功人士的素质，你有几条？

徐鹏来公司整整两年，刚进这家公司时就想走，可是没想到两年的时间工资涨了三次，他也由一名普通员工晋升为了公司副总经理，成功地实现了自己的职业规划。与他的同学和朋友比起来，他是最早一个在职场获得成功的人。

两年前，徐鹏从一所普通的技术职业学校毕业后，他曾梦想着踏入社会后能够快速飞黄腾达起来。去了很多公司应聘，他都觉得离自己的梦想太远。他觉得靠打工来实现梦想太慢，又想着做生意。没有大本钱，他就倒腾些手机小饰品、挂件之类的东西摆地摊，不想一年下来，没有赚到钱，还赔了些钱。

经历了生意失败的徐鹏，从一天一天的实践中体会出很多人生道理，他觉得自己更适合做一份与自己专业对口的技术类工作。于是，他又开始找工作，又去了很多公司应聘，最终现在的公司不计较他没有工作经验，录用了他。

徐鹏第一天上班，就觉得这家公司不是"久留之地"。公司太小，只有十几个人，生产设备也很破旧，说白了就是一个家庭小作坊，只是挂了公司的"名头"。他在心里盘算着等积累些工作经验之后，就另谋高就。

徐鹏做事有个特点，就是要么不做，要做就做必须做好。就说他那生意吧,虽然以成败告终,但他很努力,不怕苦不怕累,每天都去得最早,回家得最晚,而且无论多挑剔的顾客,他都能耐心与他们交流,哪怕是不买他的东西,他也不会生气。生意之所以赔钱,主要还是没有找到好货源,进价太高,卖不出好价钱,当然就要赔钱了。

徐鹏也在工作中表现出了这个特点。他每天都是最早到车间、最晚离开的一个,工作任务没完成,他总是自觉主动加班。他对自己的工作质量要求也很高,上岗才一个月,他生产的产品质量就是公司里最好的了,合格率几乎达到了100%,他成为了公司的"标杆人物"。工作两个月,他将自己的专业理论知识和操作实践结合起来,改良了设备和模具,他的工作效率也比之前及其他员工提升了三四倍。

第三个月,他已经掌握了公司的整个生产工艺流程,并建议老板对生产工艺流程进行改良,这样既节省了成本,又可以再扩充几条生产线,扩大公司的规模,提高公司效益,推动公司的发展进程。老板接受了他的建议,并正式任命他为生产主管,工资由原来的1500元,涨到了3000元,而且年终根据工作业绩提成奖金。

徐鹏的事迹在同行业内很快就传开来,不少大公司出高薪聘请他,他都一一婉拒了,他决定在这家公司踏踏实实工作,将工作做到最好,与公司共同成长、共同发展。

徐鹏并没有因此而骄傲,他反而更谦虚好学了。他花了一年时间将公司的生产技术和设备进行了全面革新,公司各方面都具备了现代化生产的条件,业务也越来越好。老板一连几个月都在外面跑业务,也不用担心公司内部出问题,徐鹏就是他的左膀右臂。

第二年,徐鹏被老板正式聘任为公司副总经理,将公司内部的生产经营管理全部交给他来打理。有人问老板:"你这么大的产业都交给一个外人来打理,你就不担心吗?"

老板坚定地说:"小徐是个要么不做,要做就做好的人,我百分百相信他。没有他，我的公司还是一个十几个人的小厂呢。"

徐鹏对员工的要求非常严格，他要求每一个人员工必须将自己的工作做好，而不只是"做了"。他还为员工设计了工作备忘录，挂在每一个员工的工位上，每一个员工在下班前5分钟必须写明自己当天的工作是否做好了，如果没有，为什么。每天早上开工之前半个小时开早会，每一个员工都必须在工作备忘录上写清楚今天的工作任务及完成时间。

他还对达到考核要求的员工每个月都进行嘉奖，对没有达到考核要求的员工，按扣分制进行惩罚。他的惩罚方式也很特别，不是扣工资，而是去劳动，比如说打扫卫生、做杂工等，一年时间为公司培养出一大批优秀员工，带出了一个高效执行的团队，还有不少员工提拔到相关的领导岗位，成为公司的中坚力量和骨干分子。

徐鹏总是对他们说："如果你想加薪，首先想一想你做了些什么，你每天的工作都做好了吗？如果你还没有晋升，首先想一想你为什么没有得到提升，你凭什么应该得到提升？如果你抱怨成功太难，请你先想一想你具备了成功人士的哪些素质？"

想起当初只是把这家公司当成"跳板"的情景，他自己也由衷地感叹："一个人不是懂点技术、有点学识，就能取得成功，最关键的是还要具备成功人士的素质。"

职场中的成功人士都具有徐鹏身上的素质，正如徐鹏自己所说的那样：一个人要想成功，最关键的是还要具备成功人士的素质。相信，读了徐鹏的职场成长故事，职场成功者感同身受，想成功的人们也一定能从中感悟至深。也许他就是职场中千千万万成功者的缩影，也是希望在职场取得成功的人们学习的榜样。

那么，职场成功人士到底有哪些素质呢？说起来有很多，这里列出最基本的13条，以供大家参考，对号入座，测试一下自己离成功还有多远。

(1)不怕苦不怕累，积极主动工作，力求将工作做到最好；

(2)忠诚敬业,把工作当成事业来做;

(3)对工作认真负责,对自己要求严格;

(4)热爱工作,对工作专心专注,全身心投入工作;

(5)善于积累经验,拥有超强的工作能力、创新能力;

(6)目标明确,做事规划合理,高效执行,不断追求更好的结果;

(7)有完整的人格,愿意帮助他人成功,受到他人的尊重和拥戴;

(8)做事果断,有坚韧不拔的毅力,坚持到底;

(9)有团队精神,团结团队成员,并善于与他人协作、沟通;

(10)是以身作则的好领导,绝不会以权谋私,一切以集体利益为重;

(11)懂得感恩,有社会责任感和奉献精神;

(12)虚心好学,积极进取,不断追求卓越;

(13)重视细节,做好每一件小事。

……

职场成功人士的每一条素质都是养成良好工作习惯、帮助你走向成功的基础。如果你想成功,又难以在生活和工作中严格要求自己,不能培养自己的职业素养,那么成功永远不会垂青于你。

成功不是偶然,成功者的素质是决定因素。作为企业的员工,立足于本职工作,做好自己的工作,是走向成功的起点,还要在工作中不断以成功人士的素质来要求自己,使自己成为一个具备成功人士素质的员工,终有一天,你会在自己的工作岗位上取得自己的事业成功。

3.

没有做不好的工作，只有做不好工作的人

现实工作中，大多数人都有这样的习惯，把"工作做完"的愿望总是胜过把"工作做好"的愿望，他们总是急着要完成工作任务，而很少考虑如何将工作做好、做到位，如何让老板和领导放心，结果轻则做无用功，重则把事情做砸，只落得个"早知现在，何必当初"。

其实，这就是"出力不讨好"，活也干了，可是结果非常不好。把工作做好，是一个员工胜任岗位最基本的要求，如果工作连最低的要求都达不到，就谈不上"胜任"二字。你付出的再多，也是个做不好工作的人，这样的员工是最令老板和领导头疼的员工。如果你是这样的员工，在职场注定难以成功。

工作最糟糕的情况不是没有做，而是做了，但没做好，结果很糟糕，带给企业的可能是巨大的损失。所以，任何老板和领导，都喜欢能把工作做好做到位的员工，任何企业都更重视能胜任工作的员工。一旦某个好职位空缺时，往往会首先提拔那些能把工作做好、有能力胜任的员工。

李春和王琴既是大学同学，又是好朋友，两人到同一家公司应聘销售部经理助理。经过几轮笔试和口试后，到了最后一关：实际操作。销售经理交给她们俩一件任务，统计上个月销售部的"月销售报表"。

接到考核任务，李春和王琴拿着经理给的部分资料，各自忙开了。李春拿着经理的资料稍稍对其中的数据进行汇总，10分钟不到就算好了，她报给经理的上月总销售业绩是1000万元。经理看了看她的报表，摇了摇头，没有说话。

两个多小时过去了,王琴才拿出做好的报表交给经理。经理看到王琴的报表上上月总销售业绩是15967268.76元。他惊奇地问王琴这个数据是怎么算出来的。

原来王琴首先根据经理给的资料弄清了销售部有哪几个业务员,然后给每一个业务员的销售业绩各做了一份月销售报表,并在表格里设定了品名、日期、数量、单价、金额及收款情况等栏目,另外还让每个业务员自己也做一份相同的月销售报表,或者由他们提供依据,然后由她统计、核对,确保每一个数据的正确性和真实性。然后再根据姓名、金额、已收回款、未收回款等设定好栏目,再将每一个业务员的相关销售数据对号入座。这样王琴做出来的月销售报表不仅能看出每一个人业绩、款项结算情况,还有留出来的备注栏,可以写上一些特殊情况的说明。

整个报表根本不像一个刚出校门的大学生做的,考虑非常周到细致,而且表格结构直观、具体,数据准确、真实。

经理看着这份超出了预期的报表,朝王琴和蔼地笑了笑,并对她说:"你被录用了,你做得很好。我相信你一定能胜任这份工作的。"

同样的考核题目,李春得出的数据与王琴得出的相差了500多万元,可以推测在未来的工作中,她们的差距将拉得多大了。在实际工作中亦是如此,同样的工作,不同的员工,做出来的结果也是千差万别的。工作结果拉大了员工相同起点上的距离,就像李春和王琴,我们假设这家公司也录用了李春,那么王琴从大学一毕业就坐上了经理助理的"交椅",而李春必定是个普通职员。她们在职业道路上走得越远,时间越长,距离就会越大。

没有做不好的工作,只有做不好工作的人。工作本身没有优劣之分,但结果有好坏之分的原因在于做事情的人,而不是工作。有着良好的生活习惯的人,他们对工作无论大小,都会有着良好的心态,用心去做,认真负责地去做。他们的心里想的是:一定要尽全力将事情做好。

刘威坚持以"将工作做好，才算是做了的"为原则，来严格要求自己的员工。别人总是笑他是"憨佬"，劝他工作做得差不多就行了，他还反过来问："工作做了，不等于做好了，明白吗？"

有一天，主管让他车十几颗螺丝，并把图纸给了他。刘威仔细地看了图纸，换好刀具和夹具，并没有马上就开始车，而是将自己有疑问的地方——提出来，听取了主管的解说之后，了解了这十几颗螺丝的用途和要求，这才开始车起来。

他车了两颗螺丝，拿去所需的产品上试了试，发现虽然对上了，但是并不紧密。他又核对了一下图纸，照着图纸，又车了两颗，试装后，问题还是存在。

这时装配主管找到他，说急着要用这十几颗螺丝，他把发现的问题对装配主管详细作了说明。于是，他们俩又试装了一次，的确是不紧密。

但是装配主管说："反正又没有什么大影响，凑合着用吧。"

刘威不乐意了："这十几颗螺丝在这个产品的固定上起着重要的作用，咱们做的又是样品。如果紧密度不够，发给客户，是要出问题的。"

装配主管一听觉得有道理，就赶快找到厂长，反映了问题。后来联系到客户，原来是他们把图纸发错了，发的是另一款同类产品的配件图纸。

像这种对工作"较真"的事还有很多，虽然他只是个车床工，却多次被评为厂里的"先进工作者"，在老板和领导的心目中，他是个会做事，能把事做好的优秀员工。

大多数员工都像刘威这样在平凡的工作岗位上做着平凡的工作，但是工作的结果却大不相同。其实，差别并不是能把工作做好的员工就一定能力很强，就很聪明，而是他们会对工作更认真负责，而且他们的骨子里有一股用心做事、将工作做得更好的劲头。所以，他们能将平凡的工作做得不平凡，能成为自己工作岗位的主人。

人们常说:只有想不到,没有做不到。这里的意思是说只要人们想得到的事情,就能做好。世界上没有做不好的工作,只有做不好工作的人。任何工作和事情,只要你想做好,就一定能做好。工作只有做好了,才能做出优秀的工作业绩,让你一步一步从普通走向优秀,再从优秀走向卓越。

毛泽东说过:"世界上怕就怕'认真'二字。"任何一项工作,无论它多么艰难,又或许无论它多么简单,你唯有立足于自己的工作岗位,认真对待自己的工作,才能够取得成功。

4.

工作没做好,等于没有做

> 领导问:"工作做了吗?"
>
> 员工答道:"做了。"
>
> 领导再问:"工作做好了吗?"
>
> 员工:"……"

这是企业里普遍存在的对话形式,大多数员工认为工作做了,就等于没有功劳也有苦劳了,心安理得地答道"做了"。至于工作做没做好,他们自己心里也没底,当领导再问"做好了吗",估计手心冒汗,心里打鼓,不敢贸然回答。心虚得很啊,万一领导要核实哪里做得不好,那就"惨"啦!

若想在工作中谋得机会,获得成功,就要向优秀员工学,对待工作认真负责、一丝不苟,在工作中刻苦努力、乐观进取,将每一份工作、每一件事情做好,做到位,才能赢在职场,受到领导的赏识,得到老板的重用,获得个人发展的空间。

"做了"与"做好"，虽然只有一字之差，本质上的差别却十万八千里，因为工作没做好，等于没有做。一个员工是否对工作认真负责，执行力是不是很强，能不能做出优秀的工作业绩，有没有为企业实现更多效益，关键就看他是重视"做了"，还是重视"做好"。

对员工个人是如此，对一个团队亦是如此，一个团队的执行是否抓住了关键，取决于它是不是把管理的重心放到"做好"两个字上。优秀的团队是企业的人才基地，培养出来的员工也必定是企业的优秀人才，所以说，无论是员工，还是其所在的团队，工作只有做好了，才算是做了，否则就等于做的无用功。

在海尔集团总裁张瑞敏看来，工作"没做好"等于没有做。有一次，在海尔销售公司的一次例会上，他发现冷柜电热本部对某地区用户回访的电话记录上许多页都写着"占线"两字。

张瑞敏让各个本部长以此事为案例发表一下处理此事的意见，当时冷柜电热本部的部长回答："回去查一查下面的员工是怎么干的。"

"你现在最需要抓的就是你自己的思想作风和工作作风问题。你的下级不认真，是因为你没有要求他们认真。"张瑞敏立即指出。

通过这一问题，张瑞敏发现企业存在"工作做了，就完事了，不看结果，不看成绩"的现象很严重。于是，他发明了"日事日毕，日清日高"OEC管理办法，以此严格要求的工作必须完成，还要做好。

张瑞敏常常向员工灌输这样一个理念："说了不等于做了，做了不等于做对了，做对了不等于做好了，今天做好了不等于永远做好了。"只有"做好"，才算是"做了"，才能创造价值。

作为企业的员工，无论是管理者，还是普通员工，做事情只是在领导和老板面前求表现,就不可能及时解决工作中出现的问题,那么工作就不可能做对、做好,没有为企业创造利润的工作,你就是做得再多,也没有任何"功劳"可言。

在职场中,有很多员工一边抱怨没有机会,领导和老板不识千里马,一边敷衍工作,只求做到差不多、说得过去、别人挑不出大毛病就行了。事实上,他们是做了很多事情,但却没有一件做好了的,没有一件做出了成绩、创造了价值。这样的工作对于企业和个人来说有意义吗?纵然你是千里马跑得再快,却没有跑对方向、跑对路线,岂不是白跑?

职场中总有一些这样的员工,习惯性地把事情做完,却不管做对了、做好了没有,结果给企业带来损失,同时也影响了自己在企业的发展。

李娜是个非常勤快的员工,在公司里总能看到她忙碌的身影,给领导和同事留下了良好的印象。但是她工作一段时间后,与她一起进入公司的同事汪倩倩得到了提升,而自己还是个普通文员。她心里很不平衡,常常想:"太不公平了,我比她勤快得多,做的事情也多得多,为什么经理不提升我?他真是个不识千里马的领导。"

一次,有个重要的客户从广州来北京参加展会,经理安排她去机场接待,并安排宾馆,准备好好招待客户,以期能成功接洽业务。

李娜接到任务就忙开了。花了半天时间,她找好了宾馆,然后赶忙到机场接客户。但是等到赶到机场联系客户时,客户却说已经有人来接他了,并且住宿等问题已经安排好。

李娜想不出谁会先她一步,抢走了她表功"机会",但很快她又想:"反正自己已经按经理的指示去做了,就算有什么问题,也不能怪自己。"

她两手空空地回到公司,正准备向经理汇报工作。只见经理和汪倩倩陪着一位客人正在办公室里交谈,而且气氛十分融洽。李娜坐在自己的办公桌前恨恨地想:"这个汪倩倩老是抢自己的风头，一定要给她好看！"

此次展会，客户签下了一笔大单，为公司带来了不少效益，汪倩倩再一次得到了嘉奖。李娜的内心更加不平衡了，她义愤填膺地找经理理论。

经理平和地说："小李，你很勤快，可是做事老是贪多求快。上次让你去接客户，你发给我的宾馆地址，无论是去展会，还是到咱们公司都太远，而且路线很不方便。"

李娜不服气地说："我那是为公司考虑，为了给公司省钱，我对比了十几家宾馆才找到那家宾馆的，价钱实惠、环境优美，还是5星级宾馆呢。"

经理说："但是你知道吗？等你安排好宾馆，客户乘坐的班机已经到站了，等你赶到机场，只怕客户要被竞争对手接走了。就算你能省下再多的钱，总不会比一笔大订单带给公司的效益还要多吧？"

李娜无语了，经理接着说："你再来看看小汪是怎么做的。这件事本来就没打算让小汪来做，收到你的短信之后，我就知道大事不好，于是赶紧安排小汪来补救。小汪半个小时不到就选了一家位于公司与展会之间的宾馆，而且价格适中，档次和服务质量都很不错。接着她抄近路提前赶到机场，立马找到客户出机口，飞机到站的第一时间，与客户取得联系。后来的事，我就不说了，你都看到了。"

经理语重心长地继续说："年轻人，想上进，希望通过努力工作，获得成就，这是好事。可是，如果你做得再多，工作没做好，就等于没有做。最后只能错失良机，失去成功的机会。"

李娜这才意识到自己不仅错怪了汪倩倩，还差点让公司失去了一个大客户，最主要的是自己辛辛苦苦地做了很多事，最后却将机会送给了别人。

在现实工作中，像李娜这样的员工不在少数，他们总是幻想着"苦劳"

能给他们的工作业绩加分。然而,他们没有用自己的智慧和能力把事情做好,甚至还给企业造成损失,最后不仅将成功的机会送给了别人,还给自己贴上了"做不好工作"的标贴。

稍稍留意一下身边那些在职场取得成功的人,你就会发现他们做事都有汪倩倩的特点,在完成工作任务的过程中,做得少,却卓有成效,所以他们总能抓住机会,受到成功的青睐。

对比了李娜与汪倩倩的工作结果,相信你能总结出成功的经验,也能查找出自己不成功的原因。如果你在干工作时,只是满足于"做",却不重视结果,表面上看起来整天在付出、在努力、在忙,但是这种忙,却没有成效可言,结果就是碌碌无为。

试想一下,老板让你给客户打电话,你打了,可是对方却没有接。你就认为自己完成了任务,可是这样的"做了"有什么意义呢? 跟没做有什么区别呢? 你只有坚持打到对方接电话为止,你才能获得老板想要的信息,这些信息里就可能藏着很多成功的契机。

一个真正能做好工作的优秀员工,不会停留在"做了"的层面上,而是立足于本职工作,将领导和老板安排的每一件工作、每一件事情做好,做到位。只有这样工作才没白做,才会成就他的优秀,让他在职场获得越来越多成功的机会。

5.

我们能把握住的,只有当下

时下流行一句话:活在当下。这句话来自佛语,借用《传灯录》中的一个故事可以显示出其本质内涵。

会元和尚师徒二人赶路，到一条河边看见一女子待渡，无船无桥，老和尚二话没说就背女子渡过河去。回到寺庙，小和尚忍不住问老和尚："出家人禁近女色，师傅为何要背那女子？"老和尚正色道："我早就放下了那女子，你怎么还背着？"

这里说的活在当下就是要放下负担，引用到现代人的生活写照中就是：不要去追忆昨天的荣耀，也不要悔恨昨天的过错，更不要去盲目憧憬明天的美好，而是要脚踏实地，好好把握、珍惜今天，人生才更有意义。

生命只有一次，时间才是我们最大的财富，而我们拥有的时间只有当下，活好当下，做好当下的事情，我们才能走出昨天的阴霾，才能摆脱昨天的骄傲，对自己的今天认真负责，踏踏实实地做事，将每一件事都做好。只有这样才能拥有更加美好的明天，实现自己的理想，取得人生最大的成功。

成功从做好自己每一天的工作开始。用心做好当下的每一件工作、每一件事，日积月累，终有一天你会建筑起属于自己的事业大厦。富兰克林说："把握今天等于拥有两倍明日"。

邱洁云是深圳麦当劳公司唯一一位从员工升任营运经理的女性。麦当劳营运部门是公司最忙碌的地方，邱洁云的工作日程表每天都排得满满的，但是她从不因此把当天的工作留到明天再做，而是加班加点都要在当天完成，第二天早上进入公司，开始的是新一天的工作。

邱洁云还是一名见习经理时，就养成了立足本职工作、今日事今日清的良好工作习惯，并且每件事她都严格要求自己要做好、做到位。作为见习经理，其实与普通员工没什么区别，甚至比员工还要忙，大事没有多少让你做的，小事、杂事却很多。

领导们忙不过来的时候，邱洁云总是挺身而出，不怕困难，不怕辛苦，不怕麻烦，而且她都会身体力行将事情做好。结果每天她比领导还要忙，一天下来"揽"了不少活，但她从不推托，绝不将问题和工作拖到第二天。她会将事情一件件理出头绪,分清主次,然后有条不紊地将每一件工作、每一件事情、每一个问题都适时、及时地处理好。

有时,别人劝她不要这么拼命,有些事情可以放一放的,明天做也不迟;还有的同事说她已经做得很好了,不用这么拼命了,把工作放到第二天,没准领导就安排别人做了,自己也落得个轻松。但是她说:"当天的事情必须处理完毕,第二天做事才会轻松自如,否则整个工作计划就会全部被打乱。"

这正是她吸引上司注意的地方之一。1993 年,邱洁云成为深圳麦当劳公司的一名见习经理,她几乎平均每两年职位就升一级,一直升到现在的营运经理。其实,麦当劳公司有很多这样的见习经理,他们总是忙碌在最忙的地方,然而能像邱洁云这样得到如此快提升的却没有。因为,此前公司已经五年没有提升过营运经理。

当我们在拖延工作时,我们拖延的是自己向成功迈进的时间,而大部分时候我们的大好前程就是这样被拖延的。邱洁云是把握住了当下、拥有双倍明日的优秀员工。她的忙碌是有目标的忙,而不是瞎忙,她每天的工作不仅是做了,还做好了。所以,她为自己赢得了成功的时间,她推进了自己职业道路上的进程。

有两个女孩,她们同一天进入公司,都在人事部做后勤工作,她们是陈颂玲和黄爱华。然而工作一段时间后,陈颂玲已提升为人事专员,而黄爱华还是个后勤文员。

黄爱华觉得陈颂玲做着与自己相同的工作,而且要说头脑她还比陈颂玲灵活得多,做起事也麻利得多。她百思不得其解,甚至怀疑是经理搞错了,她为此苦恼不已。

有一天,黄爱华到经理办公室拿资料,她趁机说出了自己心中的苦恼。经理和蔼地说:"小黄,你能对我说这些,说明你是个有进取心的年轻人，这很好。但是你要相信公司和领导不会平白无故提升任何一个员工。小陈得到了提升，肯定是她有些方面超过了你，比你做得好。所以我希望在平时，你多观察一下小陈，也希望你看到她的长处和自己的短处。"

黄爱华听了经理的话后，想了想，若有所思地说："经理，我明白了。"回到座位上，她开始反思自己，她发现陈颂玲虽然事情没自己做得多，但她每天都坚持把当天的工作做好才下班，尤其是周末还主动加班，从未向公司提出要加班费。

黄爱华再看看自己，她发现自己活没少干，可是干得像样的活没几样，而且每天都很忙乱，最要命的是如果当天的工作完不成，只要到了下班时间，领导没有特别安排，自己肯定是第一个冲出办公室的，周末也从未主动加过班，还特别计较加班费。

"难怪样样不如自己的陈颂玲最后得到了提升。"黄爱华盯着墙上的挂钟想，"真是不比不知道，一比吓一跳，原来自己是一个没把握住今天的人，成功的机会当然也不会青睐自己了。"

黄爱华明白了自己不是输在能力上，而是输在了没能把握住"当下"上，尽管工作做了，但是没有效率，当然也看不到工作业绩了。这时下班的铃声响了，今天，她没有放下手头的工作往外冲，而是继续处理工作，她在心里暗暗地对自己说："从现在开始，一定要做到当天的工作当天做好，抓住每一个今天，总有一天会把成功赢回来！"

成功不是一蹴而就能得以实现的，而是从用心做好今天的工作开始的。如果你各方面的能力都像黄爱华一样胜于身边的同事，可是你不能做到日事日清，日清日高，那么你就会像她一样抓不住晋升的机会。只有像陈颂玲一样把握住每一个今天，才能抓住晋升的机会，成为职场成功人士。

昨日如那东流水已永远流逝，无论昨日多么辉煌，我们除了从昨日积累到经验，一切荣耀都如烟云，除了我们自己，没有人看得见、感觉得到它的存在。明天总是充满希望,但是如果我们将希望交给明天,那么我们的人生就没有明天,因为明天还没有到来,除了幻想,连幻影都不会产生,又怎么能有成功的果实等着你来摘呢?

活在当下吧,放下昨天,从明天的幻梦中觉醒吧!真正的希望和理想属于活在今天的人,真正的成功和事业属于能把握住当下的人。作为企业的员工,与其胸怀梦想,展望未来,不如一切从当下的工作开始,立足于本职工作,拓展职业通路,争取把成功赢回来!

6.

不急不躁,已经在成功的路上

古语说:吃得苦中苦,方为人上人。我们一定要认识到成功没有捷径可寻,只有坚持脚踏实地、不怕苦不怕累,才能走向成功,取得令人敬仰的功业。然而,今天,人们都普遍心浮气躁,急于求成,尤其是年轻人几乎是理直气壮地喊着"我要成功",然后冲向社会、杀入职场。他们不想吃苦,也不想十年磨一剑,他们只想一蹴而就,巴不得一夜成功。

一批批年轻人如浪潮一般急不可待地冲上职场的沙滩,一浪一浪,最终大多被拍倒在沙滩上,也许只有这时他们才会意识到仅凭借年轻的血性、横冲直撞,除了头破血流之外,一切还须从头做起。经过风浪的洗礼,他们已经能沉得住气,不再急躁,这才发现成功的路就在脚下,只是需要自己一步一个脚印去走,一点一点去积累。

只有那些不急不躁的年轻人,他们的职场道路总是走得稳稳的。他们将对成功的渴望化作汗水,在自己的工作岗位上刻苦勤奋、坚持不懈地努力着,在工作中认真负责、沉静务实、不投机取巧,他们把每向前走一步都当成自己在不断积累着成功。所以，等别人回归到起点重新开始时，他们已经走在了成功的路上。

在现实生活和工作中，那些办事急躁的人，除了脾气不太好之外，做事也更容易出错。因为沉不住气，遇到事情就会像大炮筒那样爆发出巨大危害，而且极易被竞争对手击倒在走向成功的路上，甚至让自己之前的付出成为他火暴性格的牺牲品。在职场要战胜急躁，就要学会修炼不急躁的智慧，否则就算成功已唾手可得，也一样会被别人抢走。

8年时间过去了，当初董事长最不看好的邓培芳，如今已是公司唯一的一位女性高层，她的团队工作业绩总是在公司名列前茅，而她那种在工作中从容不迫的气质和遇事冷静的状态，让她如耀眼的明星，不管走到哪里都光芒四射，受人敬仰。

而当初董事长最看好的林羽婷，如今还在到处找工作。董事长不由得感慨万分：成功就像一块煮熟的豆腐，性急的人是吃不了的，而且越急于吃，就越容易失败；只有那些有耐心等待温度适宜时才不紧不慢去品尝的人，才能品尝到成功的味道。

8年前，董事长还只是人力资源部的部门经理，他为公司招了两名女大学生，一名财务助理，她是邓培芳，只是个普通大学的专科毕业生；还有一名是自己的助理林羽婷，她是名牌大学本科毕业生。

当时董事长让林羽婷做了自己的助理，是有一个很重要的原因的，林羽婷不仅聪明活泼，而且写得一手好字，加上她长发飘飘，是多么女性化的一个女孩子啊，无论谁见了都会对她产生好感，作为人力资源部的经理助理是再合适不过的了，董事长当时这样想。而邓培芳长相平平不说，看起来也是很憨厚、很普通的女孩，实在是找不出特别的地方来，董事长觉得这样的人更适合做财务工作。现在看来他大错特错。

董事长怀着培养新人的想法，手把手地教林羽婷工作，从工作流程到待人接物，她学得很快。很多工作一教就上手，一上手就当时熟练，而且跟各位同事也相处得颇融洽。董事长开始慢慢给她一些协调的工作，各部门之间以及各分公司之间的业务联系和沟通让她尝试着去处理。但林羽婷经常出错，有一天，她去找董事长，说她很困惑，为什么总是让她做这些琐碎的事情。

董事长说，做任何工作都是先从小事做起，先把手头上的工作做好，然后循序渐进，直到有更大的能力可以胜任更多、更重要的工作。可是林羽婷没有听懂他的话，而是提出了辞职，她理直气壮地说："我一个堂堂的名校本科生，在学校四年，功课优秀，没想到毕业后的工作，却每天处理的都是些琐碎的事情，既没有成就感，也没有可能会获得成功。"

董事长告诉她，自己当初做的也是这些工作，而且一干就是三年多，后来被提升为部门经理，每天一样得面对、处理这些繁琐的事情，同样必须要求自己每一件事情都要做好、做到位。林羽婷又坚持了三个月，最后还是辞职离开了公司。

有一段时间，董事长的工作忙不过来，让财务部的邓培芳过来帮忙粘贴报销发票。他发现邓培芳工作时非常认真、沉静，而且做事有板有眼的，每一张单据都剪贴得非常整齐，而且还进行了分门别类。很大的一沓发票，她只用了十几分钟时间就贴好、算好了，而且董事长还注意到，每一类单据，她都最少要算上三遍，才在金额栏填上数字。

工作做完后，邓培芳还主动问董事长有没有别的事情需要她帮忙。正好当时他有一堆文件要整理，没有招到合适的助理，他正在为此头痛。于是，他就让邓培芳来整理。他几乎吃了一惊，邓培芳只花了20多分钟就整理好了，而且还做了封面，一份一份装订得整整齐齐地放到他面前。

董事长为自己当初以貌取人感到很遗憾，他觉得自己的助理应该是像邓培芳这样的人。于是，他多次向财务部经理请求，财务部经理才同意把邓培芳调给了他做助理。

邓培芳做了人力资源部经理助理后，很多事情根本不用董事长吩咐，就已经早早做好了，而且每天的工作都要坚持做好了才下班。她很快就学会了协调各部门之间、各分公司之间的业务联系及沟通，尤其是人力资源调配上做得十分恰当，受到了大家的一致好评。董事长也觉得自邓培芳做了自己的助理后，自己也轻松了很多，工作上的协调和配合也越来越默契。

在这8年的成长道路上，当初的人力资源部经理一步一个脚印地走上了董事长的"宝座"，当年那个他不看好的女孩邓培芳，在他的成长过程中起到了重要作用。她为人处世不急不躁、沉静稳重的作风，帮助他解决了不少困难和难题，还化解了好几次危机。

前几天，董事长亲自带队去人才市场招聘，碰到了林羽婷，当时董事长已经认不出她来了，她长胖了，已经失去了昨日的光华。林羽婷倒是热情，主动找董事长攀谈起来。董事长这才知道林羽婷这些年一直在不停地找工作、换工作，每一份工作都坚持不久。

她还说对这个世界她越来越失望，她的才华和年华都被埋没了。回到公司后，董事长想起了自己的成长之路，他不无感叹：一个人就算再有学识和才华，如果不肯踏踏实实地做好自己的工作，在工作岗位上谋求发展，就算是10年、20年、30年过去了，他一样还是一无所获，一事无成。

在工作中，那些踏实认真、沉得住气、遇事冷静的人，往往能成大器。故事中的邓培芳无疑就是这样的人，可以说她是职场中众多成功者的代表，她用自己的行动向我们诠释了成功的要点：不急不躁，已经在成功的路上。

然而，林羽婷又代表着哪些人呢？当然是被拍倒在沙滩上的人，不过遗憾的是，8年过去了，她还没有幡然醒悟，如迷途的羔羊，着急地寻找着成功的方法和路径。只可惜，可能她这辈子都在与成功背道而驰。

"成功学"是为那些在工作中心定神怡的人准备的，而不是为那些一心急于想成功,而不肯脚踏实地的人准备的。因为人生中的任何一种成功,都始于勤,并成于勤。与其整日唱高调、幻想、算计,或火急火燎地办错事、走错方向,不如沉住气,扎实工作,你会发现"成功学"原来是在走向成功的路上从行动和实践中磨炼出来的。

第二章

忘我工作、全心投入是驶向成功的发动机

如果你想成功得更快一些,那么就竭尽全力,以忘我的精神做好工作吧。只有百分百地投入,每一天的付出才会为成功加分。然而,许多员工在工作中,总是被这样那样的杂事缠身,使自己无法全心投入工作之中,尤其是还有不少员工认为自己是在为老板工作。在这样的情绪状态下,自然会让工作结果大打折扣,走向成功的脚步必然会慢下来,甚至落在了他人后面。

1.

为老板工作,更为自己工作

有人曾这样说:"人生来就是为了工作,工作占据了我们生命中的大部分时间。工作是人生运转自如的转轴,影响着人的一生。"可见,我们的人生与工作是息息相关的,如果没有工作,人生的意义将无所依。

可是,我们到底在为谁工作呢? 对于这个问题,很多人都会说:"这还用问? 当然是为企业、为老板了。"企业里的很多员工都认为工作只是谋生、获得私利的工具或手段,工作创造的价值都是为了企业的效益和老板的利益。是的,我们付出劳动,老板给我们酬劳,这是天经地义的事。但是,我们在得到酬劳的同时,不仅学会了技能,提升了各方面的能力,更发挥着自己的特长和才华,为自己实现了人生价值,生活也更幸福了。

我们要知道,地球离了谁都会照样转,假如你不在这个岗位上,总会有别人来代替你。所以,作为企业的员工,我们更应该认识到我们在为老板工作的同时,更是为自己工作。只有成为企业不可替代的员工,工作才能为我们收获最大的价值。

只是为老板工作的员工,在工作中缺乏积极向上的心态,对工作往往敷衍了事,最终敷衍的是自己。拥有这种观念的员工很难成为优秀的员工,在职场竞争中更易被淘汰。

一个人如果没有正确的观念,没有积极的态度,就会不断地重复犯错误。学习如此,工作如此,人生亦如此。因此,人生的各个阶段都要持有正确的观念,才会引导正确的行为,才能有正确的结果。只有为自己工作的员工,才真正领悟了工作的意义,也可以说真正感悟到了人生的意义。

王贵宁是一家广告公司的文案策划编辑,在工作中总是比别人干得多,而且总是要求自己做的文案是最好的。在公司的文案策划部,每个人每个月策划的文案都差不多,拿的工资也差不多,所以同事们都说王贵宁傻,还笑他这么积极老板也不会多给一分钱,做的是无用功。王贵宁总是笑笑说:"我们工作不仅是为了钱,也不仅仅是为了老板,我们应该为自己工作。要知道工作差不多,自己的人生也只会是差不多,不会更好的。"

王贵宁没有理会同事们的说笑,一如既往地认真工作,一丝不苟地做着自己的事情。当别的同事上网聊天、玩游戏、煲电话粥时,他总是把时间用在搜集相关策划信息、思考工作上的问题、学习专业知识等上。

功夫不负有心人,他策划的几个文案,不仅富有创意,而且很有市场价值,受到客户的好评,为公司留住了客户,给公司带来了很大的经济效益。王贵宁从那些"差不多"的同事中脱颖而出,成为文案策划部的首席文案策划师,专门接待公司重要客户。

王贵宁不仅拥有自己的独立办公室,薪酬也提升为原来的两倍,而且每个文案还拿业务提成。这时候,同事们对他只有刮目相看、感慨万分的份了。

其实,试想一下,如果王贵宁和其他员工一样也抱着为老板工作的态度,那么,他现在、将来都只能做着"差不多"的工作,也只能拿着"差不多"的薪酬,待遇当然也是"差不多"了。企业里像王贵宁这样的员工,在为企业创造了更多效益的同时,也为自己创造了更大的价值。

我们的工作不仅为企业带来效益,还具有双重的意义。一重意义是在为老板赚钱,另一重意义是在为自己赚得更多。老板有钱赚,企业才会兴旺,才会有更好的发展前景。作为员工的我们,工作环境、薪酬、福利待遇等才能得到改善。当我们以为自己工作的心态对待工作时,我们出色的工作会得到老板的赏识、重用，更重要的是为我们自己的未来发展积累了大量的经验、能力。

1901 年，出生于美国乡村、只受过短期学校教育的施瓦伯，成为了当时美国历史上第一个年薪百万美元的高级打工仔。他如职场"杀"出的一匹黑马，引起一片喧哗，他的故事也得到了永久流传。

其实，施瓦伯 15 岁那年，到一个乡村做的是马夫。3 年后，他来到钢铁大王卡耐基所属的一个建筑工地工作，在此后几年时间里，他通过自己的勤奋努力成为了这家建筑公司的总经理，时年不过 25 岁。39 岁时，施瓦伯成为了美国钢铁公司的总经理，年薪 100 万美元。而当时，一个人如果一周能挣到 50 美元，就已经相当不错了。

那么，施瓦伯是如何取得这么大的成就的呢？这还得从 3 年前他踏进建筑工地说起。

从第一天上班，施瓦伯就抱定了要做老板眼中最优秀员工的决心。当工地里的其他人在抱怨工作辛苦、薪水低而怠工时，施瓦伯却默默地积累着工作经验，并自学建筑知识；当有些人不时讽刺挖苦他时，施瓦伯回答说："我不光是在为老板打工，更不单纯是为了赚钱，我是在为自己的梦想打工，为自己的远大前途打工。我们只能在业绩中提升自己。我要使自己工作所产生的价值，远远超过得到的薪水，只有这样我才能得到重用，才能获得机遇！"

不久，施瓦伯对工作认真细致的表现、努力进取的工作劲头，受到了公司经理的关注。施瓦伯被破格提升为技师，后来，他又一步步升到了总工程师的职位。就这样，施瓦伯成为了一位被人们传颂的奇才，他的成长历程和成就也成了每一个人学习的榜样。

就像施瓦伯一样，我们在为企业的事业大厦添砖加瓦的同时，也在建筑属于我们自己的"房子"——我们的职业前途。每一个老板都是很有眼光的,他在赚钱的时候绝对不会忘记他那些出色的员工。因此,作为企业的员工,如果你也期望自己有所成就,就一定要明白一个道理:你在为老板工作的同时,更是为自己工作。

职场人生是一个以循序渐进的方式逐步成长的过程,职场成功是一步一个脚印走出来的,是一个辛勤耕耘、慢慢积累的过程。有一句职场名言这样说:心态决定高度,意思是你有什么样的工作心态,将决定你的职业高度。因此,你在为谁工作的心态,必然性地决定着你的职业前途。

无论在哪家企业,从事什么样的工作,搞清"你为谁工作?"这个问题,都至关重要。一个怀着"我只是为别人在工作"的观念的员工是可悲的,这样的观念伤害的是他自己。这样的员工,就算企业给了他平台和机会,他也抓不住,抓不牢。一个将命运掌握在自己手里的员工,会自觉地热爱自己供职的企业,会珍惜自己从事的每一份工作。这样的员工,总是能适时地抓住机遇,为自己赢得未来。

作为企业的员工,我们不仅受雇于老板,服务于企业,我们还是与老板一起同甘共苦的伙伴,企业也在为我们服务。因为心态的转变,我们的工作不再是苦差,而是快乐的源泉,我们将激发出最大的潜能,在工作中充分发挥自己的才干,成为老板的左膀右臂;我们的职业不再停留在薪酬这样的最低层面,而是上升为事业,当我们为自己的事业而奋斗时,我们不再是卑微的打工者,而是企业的主人!

2.

缠住你的不是工作，而是杂念

我国有句古话叫"两耳不闻窗外事，一心只读圣贤书"。对于在职场中打拼的上班族来说，"两耳不闻窗外事"是一种工作境界，仔细想想很多人为什么工作干不好，为什么工作中总出现差错，为什么业绩经常不如人，很大程度上不是其能力不够，而是工作时杂念太多，不够专心，不能做到两耳不闻窗外事。

成功需从做好自己的工作开始，而想做好自己的工作，又需从保持一种专心致志的工作状态开始。为了突出专心工作的重要性，美国作家麦克·埃尔甘在自己的文章中大声疾呼："仅强调勤奋的工作观已经落伍了，现在是专心工作的时代！"

哲学家亚当斯说过："再大的学问，也不如聚精会神来得有用。"将一束光聚集到一个点上，其温度足以点燃火柴；将一个人的所有注意力全部集中到正在做的工作上，就可以具备将工作做到最好的精神状态。每个人的精力都相差无几，试想一方杂念丛生，做起事情来心猿意马，而另一方工作起来以一种忘我的境界全身心投入，两者谁更容易获得更好的工作成绩？答案不言自明。

做好自己的工作，贵在专心，也就是工作起来全神贯注、一门心思，没有三心二意，没有这山望着那山高的种种杂念。如果一个人一边工作一边还想着与工作毫不相关的事情，又如何能将手头的事做好呢？

工作能不能够专心，很大程度上在于我们如何看待自己的工作，我们的态度决定了我们的工作态度。如果我们只是将工作看成是一份差使、一个饭碗、一个临时跳板，那么我们就很难将全部心思用到工作上。如果我们将工作看成是一次机会，一个充分证明和实现自我价值的舞台，我们就会集中精力、全力以赴。

想做好工作的决心是能够干好工作的一个重要前提。如果一个人有坚决干好的决心，他就会将决心变为持久的动力、持续的激情。工作时，这样的人不会挑肥拣瘦，更不会丢三落四，他们总是满怀信心、满怀激情，急难险重敢担当，点点滴滴不怕烦。工作不专心，就可能功败垂成；工作不专心，就可能南辕北辙。专心工作需要一种长期的坚持，而不是一天热度、一阵子热度，或三天打鱼两天晒网。

专心工作，是一种境界，而且是平凡中的非凡境界。同一个岗位，有人闪闪发光，有人碌碌无为；同一种工作，有的有声有色，有的黯然无色。为何？皆在能不能专心工作。做不好手头的事情，就算心飞海角天涯，也一样无落脚之地。反而是那些能够踏踏实实、做事一步一个脚印的人，才能抵达更远的未来。

以销售职业为例，据有关统计显示，几乎每个企业都有近30％的销售员业绩不佳，造成这些人业绩不佳的原因是多方面的，但却有一个几乎相同的深层原因，即工作中心里杂谈太多，不能专心投入工作。

不少业绩不好的销售员将原因归于手中拥有的潜在客户太少，那么造成其客户数量少的原因又是什么呢？主要在于他们常犯有以下三个错误中的一个或几个：一是不知道到哪里去开发潜在客户；二是没有识别出谁是潜在客户；三是懒得开发潜在客户。由于开发潜在客户是一项费时劳力的工作，因此一些销售员不愿意去开发潜在顾客，只满足于和现有顾客打交道。潜在客户少的销售员常犯的另一项错误是，无法对潜在顾客作出冷静的判断，而这也是造成其做不好工作的一个重要原因。

对工作抱怨太多，用借口，逃避责任也是做不好工作的一个主要原因。他们常常把做不好工作的原因归结到客观方面，如条件、对方、他人等，从未从主观方面检讨过自己对失败应承担的责任。对于工作的暂时受挫，他们的心绪会变得不平，情绪低沉，态度消极，而真正优秀的推销员绝对不会抱怨、找借口，因为自尊心绝对不会允许他们这么想，更不能如此做。

对那些不能全身心投入工作的员工，一旦工作业绩不佳，他们就会对企业提出各种各样的要求，如要求提高底薪、差旅费、加班费等，而且经常拿别家公司作比较。真正优秀的员工经常问自己"自己能够为企业做些什么"，而不是一味地要求企业为自己做些什么。

很多刚进入社会找工作的年轻人，最容易进入的职业就是销售。当今社会想做销售工作很容易，而想把销售工作做好也许是所有职业中最难的。也许正因为难，从事销售工作的人，一旦工作做得好，就会拿到比其他职业多得多的报酬。然而很多人从事销售工作，多是迫不得已而为之，而且随时都做好了撤出的准备。由于心中没有对做销售职业的自豪感，又岂能期待这样的人能将工作做好呢？

对一些销售人员来说，由于一心在如何才能挣到更多钱上，所以为了达到这个目的，他们会在工作中用尽一切能用的手段。人无信不立，作为一名销售员如果不能遵守诺言，又如何能将工作做好呢？也许这也是很多看似能说善道的人做不好工作、拿不到好业绩的主要原因所在。

销售人员最重要的是讲究信用，而获得顾客信任的最有力的武器便是遵守诺言。无法遵守诺言的销售员，由于急着与顾客成交，有时有些事情无法答应下来，他们还是会果断承诺，最后顾客找上门来时又不得不自食其言。优秀的销售人员也会与顾客之间发生问题，但是他们却能够迅速地给予顾客满意的解决方法，这样反而获得顾客的信赖。

销售从来就不是一种可以一蹴而就的工作，而是一场马拉松比赛，比拼的就是耐性、坚持和毅力，只有坚持不懈地追求下去，才能最终达到目的。作为一名销售员，如果不能认识到这一点，就很容易凭一时的冲动做事情，结果工作常常是半途而废，自己也多是半路开溜。

作为一名销售人员，如果工作时总是瞻前顾后，不能将精力集中到对客户的服务中来，那么其对客户的服务指数就会下降。很多人做不好销售工作的一个重要原因就是对客户的关心不够，不能用自己的真诚打动客户。面对客户，一名优秀的销售员既能了解顾客的微妙的心理，也能找准时机，在恰当的时间采取行动，而这就需要其对顾客的情况了如指掌。那些不关心顾客的销售人员，由于之前的工作疏漏，又怎能在接下来的成交工作中驾轻就熟呢？

其实，无论做任何职业的工作，各种各样的杂念都是成功路上躲藏着的最隐蔽的绊脚石,而专心、认真则是成功路上的一缕春风。那么,如何做才算是专心工作呢?简单来说就三个字,倾全力,即工作的时候必须要投入自己全部的思想感情,全部的智慧能力,全部的身体行动。如果我们做事时不能做到不遗余力,孜孜以求,就很难找到将工作做到最好的那股劲。

3.

百分百地投入,让每一天都为成功积分

成功从做好自己工作开始,做好自己工作要从每一天开始,而面对每一天的开始,只有使自己百分百地投入工作,才能让自己的每一天都为将来的成功积分。很多人所以一直与成功无缘,原因不是出在昨天,也不是明天,而是今天。

对于今天,如果我们缺乏热情,没有干劲,就不能使自己将百分百的热情投入到当天的工作中。那么,对于明天来说,今天毫无积极意义,甚至还会拖累我们明天的工作状态。所以,成功的关键在今天,在今天的工作状态,在今天能否为明天积分。

想做好今天的工作,不如爱上自己的工作。因为当我们喜欢上自己的工作时,做起事情来就很少感到疲倦。这就好比钓鱼,对一个喜欢钓鱼的人来说,即使在河边坐上 8 个小时,他也不会觉得有一点累。为什么?因为钓鱼是其兴趣所在,他能够从钓鱼中享受到快乐。如果我们不喜欢自己的工作,不要说工作 8 个小时,可能刚工作了 1 个小时,你心里就盼望着早点下班了。

一个人对其所从事的工作是否竭尽全力,是否积极进取,更多程度上反映了他对这份工作的喜爱程度。所以，我们只有像喜欢钓鱼一样喜爱自己的工作，工作时我们才会投入百分百的热情和精力。也许超负荷的工作会使我们身体疲惫，但我们心中的激情却不会因此而有丝毫消退。

曾有一位心理学家做过一个测试：他把 18 个人分成甲乙两个小组，每组 9 人。让甲组的人从事他们感兴趣的工作，而让乙组的人从事他们不感兴趣的工作。没过多长时间，情况就不同了，从事自己不感兴趣工作的乙组人开始出现小动作，再一会儿就开始抱怨头痛、背痛，而甲组人个个乐在其中、一副乐不思蜀的样子。

当今社会，工作中能否百分百投入，是衡量一个员工职业品质的标准之一。无论你在什么岗位，做什么工作，只有把专注当成自己的工作习惯，我们的工作才会变得更有效率，我们的每一个"今天"才会更有价值和意义。

法国文豪大仲马一生所创作的作品高达 1200 部之多，这个数字几乎是萧伯纳、史蒂芬等名作家的 10 倍。曾有记载说，大仲马每天开始创作的时候，总是一种百分百的投入状态，只要一提起笔，他就会忘记吃饭，有时就连朋友找他，他也不愿放下手上的笔，只是将左手抬起来，打个手势以表示招呼之意，右手却仍然继续写着。

　　一个年轻人去拜访多年未见的老师，闲聊之余，老师就询问他的近况。这一问，引发了年轻人一肚子的委屈。他抱怨说："我对现在做的工作一点都不喜欢，与我学的专业也不相符，整天无所事事，工资也很低，只能维持基本的生活。"

　　老师问："那你为什么不尝试去改变现在这种状况呢？"

　　"我怎么去改变啊，又找不到更好的发展机会。"年轻人无可奈何地说。

　　"既然你知道自己不适合现在的位置，为什么不去再多学习其他的知识，找机会提高自己呢？"老师劝告他。

　　年轻人沉默了一会儿说："我运气不好，什么样的好运都不会降临到我头上的。"

"你天天在梦想好运,却不知道机遇都被那些勤奋和跑在最前面的人抢走了,你永远躲在阴影里走不出来,哪里还会有什么好运。"

老师郑重其事地说:"一个爱抱怨的人,永远不会得到成功的机会。"

斯坦福大学在曾提出的一个研究报告中说:大多数人花了一个小时当中的 58 分钟来思考过去及预测未来,而只用两分钟的时间来专注于当下的工作。我们为什么一直找不到成功的金钥匙? 因为我们一直都把眼睛盯在明天,而从未将心思放到今天手头正在做的工作上。

隋海鸽在一家公司担任销售经理,期间他曾面临过一种尴尬的情况:该公司的财政发生了困难。这件事被在外头负责推销的销售人员知道了,并因此失去了工作的热忱,导致销售量大幅度下跌。到后来,情况更严重,于是他迫不得已只好召集全体销售员开会。

会上,他先请以往销售业绩较好的几位销售员说明销售量下降的原因。这些人一一站起来,然后就开始倾诉自己在工作中遇到的困难:商业不景气,资金缺少,人们都希望等到经济形势好一点、自己手头宽裕了再买东西等。

当第五个销售员开始列举使他无法完成销售配额的种种困难时,隋海鸽突然跳到一张桌子上,高举双手,要求大家肃静。然后,他说道:"停止,我命令大会暂停 10 分钟,让我把我的皮鞋擦亮。"然后,他叫一名专门负责擦皮鞋的小工友把他的皮鞋擦亮,而他就站在桌子上不动。

在场的人都惊呆了。他们有些人认为他发疯了,开始窃窃私语。在这时,那位小工友先擦亮他的第一只鞋子,然后又开始擦另一只鞋子,小工友不慌不忙地擦着,表现出一流的擦鞋技术。皮鞋擦亮之后,隋海鸽给了小工友 5 元钱,然后开始发表他的演说。

隋海鸽说："我希望你们每个人都好好看看这位小工友。他拥有为我们整个工厂及办公室内擦鞋的特权。他的前任是位比他稍大一点的男孩，尽管公司每周补贴那个男孩 100 元的薪水，而且工厂里有数千名员工，但他仍然无法从这个公司赚取足以维持生活的费用。而他不仅可以赚到相当不错的收入，也不需要公司补贴薪水，每周还可以存下一点钱来，他和他的前任的工作环境完全相同，也在同一家工厂内，工作的对象也完全相同。现在我问你们一个问题，他的前任拉不到更多的生意，是谁的错？是他的错还是顾客的错？"

下面的销售员们不约而同地大声说，"当然是那个小男孩的错。"

"正是如此。"隋海鸽回答说，"现在我要告诉你们，你们现在推销的机器和一年前的情况完全相同：同样的地区、同样的对象以及同样的商业条件。但是，你们的销售成绩却比不上一年前。这是谁的错？是你们的错，还是顾客的错？"

同样又传来如雷般的回答："当然，是我们的错！"

"我很高兴，你们能坦率承认自己的错误。"隋海鸽继续说，"我现在要告诉你们，你们的错误在于，你们听到了有关本公司财务发生困难的谣言，这影响了你们的工作热忱，因此，你们就不像以前那般努力了。只要你们回到自己的销售地区，并保证在以后的 30 天内，每人卖出 5 台机器，那么，本公司就不会再发生什么财务危机了。你们愿意这样做吗？"

大家都说："愿意！"后来大家果然办到了。

其实，很多时候，不是我们不能将手头的工作做好，而是在工作的时候，我们并没有使自己全身心投入到工作中去。没有百分百的投入，工作结果又岂能百分百尽如人意。然而，很多人却不愿将这一结果的责任归于自己，而是抱怨其他。这样的工作状态不仅对企业无益，同时对自己来说,也是一种巨大损失。

所以,如果我们能够在工作中将所有时间都用在工作上,而不是用在闲聊和发牢骚上,哪里还会有做不完的工作,哪里还会有做不好的事情?作为一名员工,如果他爱上了自己的工作,他就不会允许自己工作的不完美。专注是获取结果的重要因素,全心全意爱上自己的工作,全力以赴对待工作,我们所过的每一天都在为成功积分。

4.

忘我是一种态度,态度决定成败

成功的金钥匙从来就不在他人手中,而在我们自己掌心。我们用什么样的态度来对待成功,成功就会以什么样子呈现在我们面前。态度决定成败,就算我们离成功近在咫尺,一个错误的态度,就足以使我们败下阵来。

有一个老生常谈的故事,却很能说明问题。俩秀才进京赶考,一个个志在必得的样子,然而临考前的一个梦让两个人的态度 发生了180度大转弯。第一个人梦见了白菜,他心想这不是意味着这次我又白忙活了吗!于是,他唉声叹气。第二个人梦见自己下雨天戴斗笠还打着伞,他想这不是意味着我这次考试多此一举吗!于是,他也心灰意冷。

店掌柜知道了他们的苦恼后,就开导他们说:"我的想法跟你们恰恰相反。你们看啊,你梦见自己墙头种白菜,这不是说明这次你会高中嘛!而你梦见自己下雨天戴斗笠又打伞,不是暗示你已经准备得很充分了,这次必是有备无患嘛!"结果,两个人眼前豁然一亮,高高兴兴地参加了当年的考试。结果,两个人都是榜上有名。

好结果、坏结果，其实很多时候都是我们一念之差的结果。对于同一件事，我们持有什么样的心态，带有什么样的态度，往往早已决定了结果会如何。积极的心态像太阳，照到哪里哪里亮，所以能创造美好的人生；消极的心态像月亮，初一十五不一样，最终只会消耗我们的人生。

态度决定成败。在对待工作上，我们又是一种什么样的态度呢？是积极的，还是消极的，是阳光的，还是阴暗的，是渴望的，还是抱怨的？想要做好自己的工作，想要获得成功，现在就静下心来，想想自己有没有成功所必备的心态。

白金静（化名）是一家公司的经理，在一次公司的座谈会上，她把所负责部门员工的工作情况在会上与领导做了一次完美分享：

公司于 2005 年底进行了机构改革，将原隶属于工程部的预算科分离出来，成立了预算合同部，主要是负责公司的验工计价、变更索赔、项目责任成本管理、外协队伍合同及结算等方面的管理工作。

预算合同部成立以来，部门人员一直非常紧缺，成立之初为5人，但由于工作调动，人员逐步减少，大部分情况下只有3人。面对繁重的工作、艰巨的任务，他们以一种忘我的工作状态每天全力以赴，不辞辛苦。一年里，除负责内业资料的员工外，其他每人都有280天以上的时间奔波在外。有时在公司与其他部门的同事见面时，他们的第一句话经常会问"最近有没有出差"，每次遇到这样的情况，预算合同部的员工们总是笑笑。

2008 年 7 月 15 日，我们接到上海地铁业主的通知，要求 7天内把结算书、变更签认单、竣工文件交二审单位进行审计。当时的情况很特殊，2006 年已施工完毕，当时除竣工文件在公司档案室存放外，其他资料均已丢失。我到上海后，通过四局上海9 号线局指的人找到了一审单位，本想他们的资料都是按标段存放的，半天就能把资料复印好，可到那一看愣住了，十二个标的资料全是按年混在一起一盒一盒摆放的，一共有 10 大盒，我花了两天时间在那资料堆里把 17 期验工计价单、52 份变更签证单找出来并复印好。

因为当时我接手这工作时对上海地铁的清算工作一无所知,怕今后二审时出状况没办法处理,就主动花了一天时间帮一审把十二个标段 7 年的资料重新整理了一遍。进入二审后,只要审我们的资料我就陪着,刚开始时,二审的审计员不乐意,说我打扰他了,还说一些看不起人的话想让我走,我把他的傲气全盘收下,装糊涂,跟着他也就学了很多,特别是对有关国家、行业的法律法规理解得也更透彻了。我这种向他学习的姿态,很快让他对我的工作给予了肯定。这也是我接手收尾工作以来第一次在一个陌生的地方独自作战,并圆满完成任务。

为了更好地帮助项目部做好成本控制,及时解决业务难题,朱志红长时间工作在施工现场第一线,体质已严重下降,并且得了严重的腰、颈椎毛病。部门助理工程师高小霞,负责全公司验工计量、变更索赔、责任成本等各种报表收集、编制、分析、上报工作,同时还要评审劳务合同。她家里的小孩小,丈夫又在工地上班,虽然出差较少,但为保证报表上报的及时性、准确性,合同评审的及时性,她经常是将小孩一个人锁在家里,晚上在办公室加班到十一二点,小孩一人在家里害怕给她打电话,还被数落打断她的工作思路。

我们部门的每一个人就是这样不辞辛苦,不计得失,默默地工作着、奉献着,才有了今天的成绩。

当今社会,是个渴望成功的时代,每个人都希望自己能够成为成功者,但并不是每个人都能取得成功。成功者之所以能够成功,不仅因为他们具有超越常人的才华,更重要的是因为他们具备成为成功者的心态。积极的心态有助于人们克服困难,即使遇到挫折与坎坷,依然能保持乐观的情绪,保持必胜的斗志。

人与人之间原本只有很小的差异,但这个很小的差异却造成了巨大的落差。作为企业的一名员工，我们应该始终把自己的心态放在正确位置，既然选择了这一行，就要以一种忘我的态度去努力工作，一天比一天更爱这个职业。

忘我工作是一种态度。想要成功，想要做好自己的工作，我们就应该抱定一种心态，即不论是过去、现在还是将来，都要始终如一地以积极的心态对待工作，唯有这样，我们才能让自己的青春年华在每天的奋斗中燃烧，才能点燃生命的激情，才能实现自己心中的梦想。

有时为了企业，为了对得起自己所担任的岗位，我们不得不牺牲一些对家庭、爱人、老人、孩子的关心与爱护。都说忠孝难两全，而在通往成功的道路上，又有几个成功者心中没有一打令自己心酸且又无奈的故事呢？

为了成功，为了对工作尽心负责，我们失去了很多生活中美好的东西，所以在明天，当我们成功之时，我们应该抽出时间和精力尽可能多地做出补偿。忘我工作让我们忘记了自己，而到成功时我们却不能忘记那些为了我们的成功而做出牺牲的人。

5.

竭尽全力，以忘我的精神做好工作

除了竭尽全力地拼命工作之外，不存在第二条通向成功的路。每一天都竭尽全力、拼命工作，是一个人想获得成功必须要具有的工作状态。如果我们想拥有美好的人生，想在工作中获得成功，其前提条件就是要付出比别人更多的努力。

"只要拼命工作，任何困难都能克服。"这是年轻的稻盛和夫常对自己说的一句话。27岁时，他成立了自己的企业——京都陶瓷。当时，他心里只有一个念头:不能让公司倒闭,不能让支持他、出钱帮他成立公司的人遭殃。为此,他拼命地工作,常常从清晨干到次日凌晨,也许正是因为他这种竭尽全力、迎难而上的忘我工作精神,才造就了京都陶瓷今天的辉煌。

后来,稻盛和夫在总结自己对成功的看法时,曾说过这么一段话,他说:"只要喜欢你的工作,再努力也不觉其苦,拼命工作是辛苦的事情,辛苦的事情要一天天持续下去,必须有个条件,那就是让自己喜欢上现在所从事的工作。"

有机会从事自己喜爱的工作,当然很好,问题是大多数人却正在干着自己压根就不喜欢的工作,为了生活,为了拿到足额的薪水,每天不得不在毫无激情中机械地努力。人生不如意者十有八九,其实很多人跟我们一样,也有着同样的经历,干了一辈子自己不喜欢的事,而自己一直渴望做的只能留在梦里,伴着那一次次长长的叹息。

有一部感人至深的电视剧《乔家大院》,想必很多人都看过。对片中的主角——乔致庸,无疑就是这一场景的最大化拉长。为了家族事业,为了维护一大家人的生计,他不得不放弃了自己追求的功名利禄而下考场入商场,不得不放弃自己心爱的姑娘雪莹而娶一位自己素未谋面的商人陆大可的女儿,不得不丢掉书房的经史子集而拿起铜臭味十足的算盘。

人生到了如此境况,可谓是生不如死,痛苦、绝望、挣扎又能如何,现实就是如此残酷,逼得我们不得不咬紧牙关、睁开双眼。踏上了经商之路的乔致庸一路走下来,可谓是九死一生,在闯过了一个个危机后,丰厚的回报让他带领下的乔家赚了个盆满钵满。

人生暮年,已经白发苍苍的他拄着拐杖来到自家的藏宝室,看着眼前架子上白花花的银子,他似乎一下子又醒了,又回到了几十年前那个踌躇满志的自己,那个风华正茂的自己,那个满腹经纶、中流击水的自己。他用颤巍巍的手挥动手中的拐杖,将眼前那些夺走自己梦想的银子一口气全部打落到地。片子最后,他以重重的一跪将心中那份欠雪莹的情还给了苍天。

人生因为有遗憾,我们才要更加懂得眼前来之不易的生活。如果我们现在与自己所喜欢的事情的缘分还没到，或几乎已经无缘，那么就果断地将其放下吧。一叶障目不见泰山，如果被一山障目，我们就可能会辜负自己的人生。

过去的我们已无力挽回，明天的我们无法抓住，所能真正掌控的就是自己的今天、自己正在从事的工作。如果我们不能想办法让自己尽快爱上自己所从事的工作，也许我们失去的不仅仅是与未来的缘分，还有我们对今天的责任及另一种成功的自我价值体现。

2008年5月12日下午，四川广元市中医院院工会主席李晓春同志由于2点30分要接待退休职工莫松茂与医院行政的民事纠纷调解工作，早早来到自己位于四楼的办公室作准备。2点28分左右，她忽然感到自己的坐椅不断颤抖，桌上的液晶显示屏不断晃动，就打开门跑出办公室。这时她发现所有办公室的职工都站在各自办公室门口，带着疑问的神情相互询问。这时房屋晃动越来越厉害，并且发出恐惧的响声，她立刻意识到发生地震了。

"快跑！地震了！！"她一边喊，一边跑，当她从四楼跑到一楼院子时，看到了惊慌失措的病员正向医院大门涌去，这时她意识到病员的慌乱可能会造成更大的危险，于是不顾一切地站在大门前一边阻止病员乱跑，一边组织职工为病员搬抬椅凳，安抚病员不要慌乱，原地休息。

那一刻，广元市城区警车、消防车、救护车鸣声不断，车辆声、喊叫声让人心惊胆战，道路堵塞，一片混乱。看到烈日下的病员，李晓春立即想到搭建防震帐篷，经向院长请示，她不顾个人安危立即带领几位职工坐上救护车奔向市红十字会申请救灾帐篷，到达后，市红十字会的同志说"你们反应真快，你们是第一家来申援帐篷的医院"。

拉上帐篷回院后，李晓春又快速地组织行管部门职工开始搭建帐篷。安排好搭建帐篷任务，她又开始为抢救震灾伤员忙碌地疏通急救道路。这时的她心里没有丈夫没有女儿,只有医院只有病员。直到晚上八点多丈夫到医院找到她,她才想起了还在成都工作的女儿。

第二天,按照医院领导分工,她又开始为全院医护人员和病员的伙食供应做准备工作。在她的精心组织下,医院食堂恢复了饭菜供应,但由于人们的恐惧,医院附近的居民不敢回家做饭,知道医院开伙后纷纷涌进食堂抢购饭菜。为了保障食堂内人员安全和食品卫生安全以及在院病员的饭菜供应,她又亲自投入到维护食堂秩序的工作中。

5月13日下午,广元市重灾区青川县伤员陆续送入医院。为了让受灾同胞能吃到饭、吃好饭,她又组织成立了后勤服务组,自己亲自带队为青川的伤员和陪伴送热菜热饭。34个小时没有合眼睡上一觉的她,双眼布满了血丝,口腔起满了溃疡,嗓子嘶哑已发不出声音,但她仍然坚守在工作岗位上。

14日凌晨2点多,医院其他领导见此情景让她回家休息,她放不下医院,在医院内停放的小车上打了个盹,5点多又开始投入新一天的工作。15日炎热的下午,防震蓬外,青川伤员堆积的带有血迹的衣鞋和防震蓬内难闻的气味使李晓春想到了环境卫生在此时的重要性,她向院长请示立即成立了一支由她带队的卫生检查小组,获得批准后,她立刻带队到各帐篷进行卫生整治和对病员的卫生知识宣传,并组织了相关人员进行了院内外环境消毒和消杀。在医院坝子里,时时刻刻都有她忙碌的身影,有同志看见她疲惫的面容好心劝她说:"主席你年龄已大,几年内又做了两次大手术,管生活就够辛苦了,何必再管那么多事。"

她说:"非常时期,问题多,只要发现问题自己能解决就尽量多做些,这样才能对得起自己的良心"。就这样忙忙碌碌过了几日。18日中午从青川转入的1岁小伤员王小乔的父亲在门诊大厅讲述他家遭遇,并十分着急寻找双腿受伤的妻子。李晓春遇见后热心帮助他在医院登记簿进行查找，未见有其伤员后，又急忙与其他医院联系，最后在市第三人民医院找到了他的妻子。王父提出要前往探望，但由于医院救护任务繁重不能派车护送，李晓春掏出身上仅有的40元零钱，交给父子俩搭车前往市第三人民医院。此外，李晓春同志还拿出自己的钱为青川伤员买饭，为救灾受伤的解放军在药店买风油精等。

5月19日病员情绪稍微稳定，由于天气炎热，医院开始拆除帐篷向病区内转移病员，一切工作又恢复了正常。当晚21点多李晓春才回到家，冲完澡刚准备休息，她的手机又开始响了，原来是朋友们的来电，告诉她5月19日至20日有较强的余震，这时街上也传来宣传车的通知声，四川电视也发出了通知。她意识到医院可能又会有紧张的工作任务，于是顾不上休息又坐上出租车赶回了医院。

来到医院后，医院几位院长已到地震台打听消息去了。她到各科了解情况发现病员情绪又开始紧张，于是她赶忙告诫科室干部一方面要做好病员思想安抚，另一方面要做好思想准备，等待院部指示。23点左右医院院长回院后，布置了向院外空旷地带转移病员的指示。一声命令，李晓春又开始了转移病员、搭建帐篷的组织工作。

忘我工作，无私奉献。也许只有当我们认识到自己所从事工作的价值和意义时，我们才会具有这样一种工作状态。也或许，只有当我们面对赤裸裸的现实的时候，我们才会明白，什么叫不得不为，什么叫舍我其谁。很多时候，可能正是因为我们具有了这样的工作状态，我们才在成就了企业、社会的利益时，成就了自己人生的另一段辉煌。

一个人只有拥有了积极的心态，才能够在工作中找到乐趣，进而积极地应对工作中发生的大小事情。所以说，在人生成功的路上，态度永远是第一位的。我们以一种什么样的态度对待工作，工作也会以同样的方式来回报我们。

今天要比昨天好，明天要比今天好。面对脚下的路，无论是平坦还是坎坷，我们必须抱有此种心态，人生才可能获得新的成功。工作中，当我们每天都聚精会神、全身心投入工作的时候，低效的、漫不经心的现象就会消失。不管是谁，只要喜欢上自己的工作，只要进入拼命努力的状态，他就会考虑如何把工作做得更好，就会寻思更好的、更有效的工作方法。

6.

像对待恋人一样对待工作

什么叫恋人？简而言之，就是我们爱她，还没有得到她的人。由于心中的那种紧张、幸福、放松、跳动的心情，我们对她朝思暮想，满脑子都是她。她对我们的任何不良反应，都会令我们战栗不安；她的每一次莞尔一笑，都会令我们陶醉沉迷，好像自己成为了世界上最幸福的那个人；相看两不厌，唯有敬亭山。就算她默不作声，安安静静地站立在我们面前，我们也会觉得幸福扑面而来，身体的每个毛孔都会在自然放松中慢慢地自由呼吸；而当她高兴、快乐地在我们面前蹦蹦跳跳的时候，我们则会瞬间化作一个个音乐的符号随着她的节拍忘我地跳动。

为什么会如此？因为她给了我们快乐，给了我们幸福，给我们的生活装点了诗情画意，让我们感觉到了此时此刻的美妙和美好。我们所以会对她全身心投入，忘我地追求，皆因为我愿意、心甘情愿、无悔无怨。

这就是爱的力量。那么，我们能不能也以这种心情来对待自己的工作呢？刚刚在CCTV1播放完的电视剧《温州一家人》中，周万顺在对待石油上就有这股劲头。来到陕北后，他老婆银花常对他抱怨的一句话就是："我看你对石油比对你媳妇还亲。"而周万顺的回答则是："石油就是我媳妇啊！"

凤凰卫视记者闾丘露薇在谈到自己之所以不惧生死、不畏劳苦、忘我工作的原因时说："我现在最要紧的事情就是有一份稳定的工作能养我的家、我的孩子，供我的房子，然后我才能想一想我自己希望过的生活。"

有人为了梦想而忘我工作，有人为了生存而在工作中拼死拼命。不管两者出于何种目的，有一种心情是一样的，那就是对工作像对恋人一样百般呵护，精心侍弄，即使如此还是始终惴惴不安，生怕有哪一点做得不到位，惹得她对自己不高兴。

然而，不管她有时表现得如何不高兴，由于我们对其一如既往的努力付出，她终归还是不会与我们翻脸，不会给我们苦果子吃。在对待工作上，如果我们也怀有像对待恋爱一样的心情，那么这朵爱情的花必定会在我们精心的养护下结出收获的果子。

很多员工在对待自己的工作上，却没有像对待恋人那样的心情。对他们来说，内心也一直渴望拥有一份令人羡慕的工作，但对自己正在做的工作却不知道珍惜，更谈不上精心呵护，甚至还有人将其看做是包袱、负担，得过且过，每天抱着应付的态度来对待她。如此一来，工作又岂会有所成就？

想想我们自己，是不是经常在自己的工作岗位上抱怨，觉得自己大材小用，无用武之地。在对待工作上，除非我们首先爱上她，用真心来对待她，否则我们很难寄希望于她会主动爱上我们。因为我们要清楚一个事实，即不是工作需要我们，而是我们每个人都需要一份工作。

珍惜才会拥有，感恩才能长久。对于正在从事的工作，只有珍惜她，热爱她，我们身体中的积极性和创造性才能被释放出来。也只有这样，我们才能获得她对我们的青睐，才能享受到她带给我们的幸福和快乐。

爱是一种奉献，而不是索取。如果我们像对待恋人一样来对待自己的工作，就不会只想着在工作中贪图享受，只为每月从她那儿领取冷冰冰的工资和奖金。而那些对工作敷衍塞责、利用手中的职权去干一些损公利己事情的人，迟早要受到她的惩罚。

刘备在告诫儿子刘禅时说："勿以恶小而为之，勿以善小而不为。"在对待工作上,如果我们想对待自己的恋人一样,那么也应该不以事小而不为,不以恶小而为之。前英国首相丘吉尔说:"我们不能爱哪行才干哪行,要干哪行爱哪行。"如果我们想爱上自己的行业和自己所从事的职业,就必须做好每天的工作,处理好工作中的每一个小细节。要知道,想博得"恋人"的芳心,每一个细节都不能轻视,因为每一个小细节的失误都可能会使她勃然大怒。

这个年代,能够发自内心忘我地爱上一个人不容易。同样,能够以像对待自己的恋人一样对待自己的工作也不容易。如果有这样的机会摆在自己眼前,千万不要错过,因为机不可失,时不再来。

毫不夸张地说,现代人想要一份自己喜爱的工作就像遇到一个令自己怦然心动的恋人一样难。值得忘我追求的恋人太少,能够真正抢到手的适合自己的工作机会也不是天天都有。2007年重庆各大报纸相继刊载了这样一则消息:重庆市新世纪百货为了一家分店开张招聘450名营业员,结果从招聘的当天凌晨两点起,就有求职者开始排队,队伍越来越长,浩浩荡荡足有一公里。据说,当天就有超过5万名求职者前去应聘。

珍惜自己的工作是一条实现人生价值的必经之路,所以我们要充分用好自己在岗位上的每一天,刻苦钻研,奋发图强,才能获得人生的成功。当年,年轻的帕瓦罗蒂从师范学院毕业后,问他父亲:"我是选择当歌唱家呢,还是当老师?"父亲回答他说:"你如果想同时坐在两把椅子上,只会从椅子中间掉下去。生活要求我们只能选择一把椅子坐。"

没有工作,我们就会失去生活的幸福之源;没有工作,我们就会失去实现价值的舞台;没有工作,我们的人生将会变得暗淡无光。如果你觉得自己的工作来之不易,那就像对待自己的恋人一样好好珍惜吧,把对她的爱当成一种责任、一种承诺、一种义务、一种使命,唯有如此,你的爱才不会有花无果,有始无终。

第三章

积极主动、自觉自愿是驶向成功的加速器

　　自古以来成功总是属于那些刻苦勤奋的人，对于现代员工来说更是如此。然而，拖延总是牵绊着你走向成功的脚步，懒怠总是让你与成功失之交臂，甚至于变成职场"老油条"。如此情形之下，成功还会垂青于你吗？回答是否定的。要改变这样的状态，就要自发自愿地做好工作中的每一件事情，无论事大事小，都要尽全力做好，才能提升工作质量，工作才更易做得又快又好。成功也一定会在不远处等着你！

1.

早起的鸟儿有虫吃

"早起的鸟儿有虫吃"这句来自西方的谚语，与"笨鸟先飞"的典故非常相近，都是意指想要取得好的成果就必须付出更多的努力。其实际意义是劝导人们唯有勤奋刻苦、积极向上、主动工作和学习，才能获得成功。

著名数学家华罗庚说："天资的差异是不可否认的，但根本的问题是勤奋。我小时候念书时，家里人说我笨，老师也说我没有学数学的才能。这对我来说，是件再好不过的事情。因为我知道自己不行，就更加努力。我经常反问自己：我的努力，够吗？"

由此可见，成功者并不全部是天才，只要你是那只早起的鸟儿，是那只先飞的笨鸟，迟早你都会成为别人眼中的"天才"。因为成功从来就不会辜负一个勤奋努力的人。

成功的机会就藏在每一天的每一份工作中，而且这些工作往往都平淡无奇，令人感到乏味、无聊，甚至卑微。对于那些一心等着做大事的人来说，这些工作唯一的共同之处就是每份工作都琐碎平庸，薪水少得可怜。而对于那些积极主动、自觉自愿工作的人来说，从事过的每一份工作、做过的每一件事情都为他提供了珍贵的教诲和机会，它们将助他一臂之力，让他总是比别人早一步获得成功。

黎静云初中毕业后，因为家境贫寒，就辍学跟着老乡一起到城里的一家制衣厂打工。她成了缝制车间的一名女工，厂里对新来的女工进行了为期3天的平车培训。

也不知道是年龄太小，还是因为害怕，平车打开开关后，只需用脚轻轻一踩，就会轰隆隆地高速运转起来，她根本就控制不了速度，一会儿就手忙脚乱、头昏脑涨，第一天，她就把自己的手指头扎破了好几处，还被主管批评了好几次。

黎静云看着一起进厂的6个人，她们只学了一天，就可以开始正式工作了，而自己好像与这机器有"仇"似的，怎么也学不会。

回到宿舍，老乡找到了她，告诉她如果学不会的话，她就只能另找工作了。孤身一人在城里找工作……她不敢想象，急得哭了起来。

后来老乡想了个办法，利用早上上班之前的时间和晚上的时间，到外面专门培训平车的培训部去学习。于是，黎静云咬咬牙向老乡借了50元钱，找了一家培训部报了名，并开始学习起来。

培训部每天早上7点开门，厂里每天是8点上班。黎静云就早早起床，第一个到培训部门口等着师傅开门，晚上直到师傅打烊关门，她才回去休息。白天上班时，她也格外用心细致，中途休息时间，别人休息，她就抓紧时间练习，不懂的地方她总是主动请教老员工。

一天、两天过去了，功夫不负有心人，在她的勤学苦练下，不仅通过了考核，而且成绩还不错，她正式成为了制衣厂的一名缝制女工。

为了拉近与老员工的距离，黎静云每天都提前一个小时来到制衣车间，用碎布条练习基本功，到了上班时间，她已经练顺了手，就不会感到压力很大了；她也总是最后一个下班的人，而且离开车间之前，她都会把自己的工位收拾得干干净净。

因为她的勤奋努力，她很快就赶上了老员工，并且一个月后，她的工作效率和工作质量均已超越了很多老员工。她的工作业绩和快速成长，不仅令同事对她刮目相看，还引起了主管的注意。

有一次，厂里接到客户的几件新款样衣的图纸，主管特意找到她，让她缝一件出来。黎静云简直不敢相信自己的耳朵，她紧张地说："我怕缝得不好，耽误了厂里的大事。"主管和蔼地说："不要怕，我相信你能缝得好，而且我会教你如何看图纸，如何对图纸，如何进行拼接，你只要全力以赴，缝出最好的针路就行了。"

在主管的指导下，黎静云顺利地完成了任务，她缝制的样衣得到了客户的认可和赞赏。工作三个月的黎静云从此进入了样衣部，成为一名专业的样衣缝制技术工。

但是，她没有因此就停下前进的脚步，而是更加努力地工作和学习。从制板、打样到缝制，她起早贪黑、如饥似渴地学习着，她希望有一天自己能成为一名服装方面的专业人才，哪怕是服装设计师助理也行。

积极主动、自觉自愿工作的员工，总是比那些整天碌碌无为、消极怠慢的员工更容易抓住成长的机会，无论做什么工作、什么事情，他们总是比别人先行一步，在职场走得更快，在职业生涯飞得更高。

天下没有免费的午餐，更没有不劳而获的成功，任何成功都是勤奋工作、始终比别人多做一点的结果。如果你每天都守着或等着领导安排的工作任务，不求有功但求无过地对待工作，那么工作回报你的必定是无功之过，而不是你所幻想的或许还有些"苦劳之功"。

机会就像躲藏在枝叶的小虫，它们总是伪装成枝叶的样子，让人们障眼于枝叶之间，只有舍得多花时间去发现、多用心去寻找的人，才会锲而不舍、不遗余力地将它们一一找出来，并牢牢地抓在手中。

也许我们不能指望早起就一定能抓住全部的机会，但至少能抓住一二，如果我们能把握住这"一二"，即使不一定能获得大事业的成功，最起码也能在职场小有所成，为自己最后的大成功做好冲刺的准备。

2.

别做职场"老油条"

职场"老油条"如今极为盛行,职场新人和老人之间的微妙之处莫过于"多年媳妇熬成婆"。在企业里,初来乍到的新人,对工作怀有极大的热情,做事大胆,有想法但又非常不懂相应的规矩,为尽快适应环境,像老员工一样,在工作中如鱼得水、在人际关系上游刃有余、在领导面前能借花献佛,当然得向端着架子的老员工,如新媳妇伺候婆婆一般毕恭毕敬了,甚至被"婆婆"吆来喝去,也是常有的事。

一旦有翻身之日,即适应了环境,玩转了"婆婆"的游戏规则,新人终于得以升级为"婆婆",端着架子对下一拨新人摆"婆婆"的谱,实际上是已成了职场"老油条"了。这样的人,适应了环境后,不再对工作充满热情,不再大胆做事,不再积极进取,经验之谈常挂嘴边,做事吊儿郎当。其实,这是"职场疲惫症"的表现之一。

余娇从大学毕业后,应聘进入一家公司成为一名文员。刚进公司对环境不熟悉,加上没有工作经验,她显得处处小心谨慎。办公室里有一位"老前辈",处处都表现得更像是"婆婆",余娇第一天上班,她就"关照"了余娇一番。

办公室主任在将余娇引见给大家时,特意指着这位"老前辈"说:"这位是公司的大姐大,比我还要先进公司,是个热心快肠的老前辈了,她会给予你很多帮助的。"说完似乎真把她交给了这位"老前辈"。

从此,这位"老前辈"几乎将余娇当成了刚进门的小媳妇,一会儿指使她做这,一会儿使唤她做那,且经常在她面前如数家珍般讲自己的经验之谈，还夸张地说："天啊，现在的大学生比公主还要尊贵，连擦个桌子都怕打湿了手。"

其实，这位"婆婆级"的"老前辈"说白了就是一职场"老油条"，凭着老资历在公司里混日子而已。"公司之所以留着她，是用来'培训'新员工的吧！"余娇这样想着，为了早日"升级"，余娇配合着这位婆婆级的"老前辈"。

在"老前辈"的照顾下，余娇很快得到了成长。余娇渐渐适应了公司环境，摸清了公司里人际关系规则，工作也渐入佳境，得到了同事和领导的认可。她决定为公司"除害"，让这"老怪物"来个现形。

一个偶然的机会，余娇抓住了这位"老前辈"的软肋，她使出浑身解数，成功将这位"德高望重"的"老前辈"赶出了公司，从此办公室开始了"娇娇时代"。

余娇总结了"婆婆"的经验教训，原来那个乐观向上、不断进取的余娇，在办公室狭小的空间巩固着自己的"政权"，却不曾想到，她这样已经在一天天消磨着自己的激情和动力，正在一日一日缩小着自己的职业舞台，已沦为职场"老油条"。

其实，在现实工作中，大多数人都会遇到这样的事情，部门的"老人"们对"新人"总是如"婆婆"一般指点江山，处处以"老人"自居，摆出老资格。其实新人工作一段时间后，很快就会识破这些"老人"们的伎俩，一旦有机会反击必然像余娇那样，让"婆婆"颜面扫地，"滚出"他自认为是自己的"江山"。

别做职场"老油条"，"老油条"看似在公司里如鱼畅游，实则如蚊蝇一般招人厌，最后自己的职业舞台会越来越小，他在这个舞台扮演的角色也越来越不受欢迎，终有一天被淘汰出局。余娇就是最好的例子，长此以往，她在职场的道路也将越来越窄，越来越短小。

其实，无论是在生活还是工作中，都应该学会换位思考，找准自己的角色和定位，为自己树立职业目标，并制定规划，脚踏实地，一个台阶一个台阶地向着目标攀登,总有一天,你会在工作中为自己争得成功的机会,平步青云,摘下属于自己的成功桂冠。

总结一下职场"老油条"的特征,主要表现在他们一般都有以下22种经验之谈。如果你有兴趣,不妨对照一下这22种经验之谈,看看自己是否正在日渐沦为职场"老油条"。也借此以期各位在职场打拼的人们,及时认清自己,理性回归正常的职业轨道。

第一条:必须有一个圈子,有了圈子就有了同盟,就不会孤军奋战,这样胜算的概率将要高得多。真正的职场精英没有固定的圈子,如果说有,他的圈子里只站着老板一个人。这样更易直达成功的巅峰。

第二条:必须争取成为第二名,以"枪打出头鸟"为训,认为第二名更能获取得道多助的效果。

第三条:必须理解职责的定义,常常忙于自己必须要做的工作之外的所有工作。

第四条:必须参加每一场饭局,认为既可从中获得更多人际交往信息,又能与流言撇清关系。

第五条:必须懂得八卦定理,在公司里只和一两位同事成为亲密朋友,这样所有人都不会知道自己的"底细",很容易成为同事们不得不尊的"人物"。

第六条:必须明白加班是一种艺术,他们会适时地加加班,而不是经常性的不加班,或让加班长时间成空档。

第七条:必须熟练接受批评的方法,在被上司错误批评后,对错误避而不谈,而且从来不与老板谈公正。

第八条:必须理解"难得糊涂"的词义,什么情况下要"难得糊涂",什么时候糊涂,把握得恰如其分。

第九条:必须明白集体主义是一种选择,表面上支持大多数人,背地里却总在集体的反面。

第十条:必须论资排辈,做出一副与世无争的样子,实际上是为有一天自己排在前面而做准备。

第十一条:必须禁止智力排行,将自己奉为天才,将别人看成庸才。

第十二条：必须学会不谈判的技巧，在利益面前装出大公无私的样子，私下却尽为自己牟私利。

第十三条：必须理解秘密的存在意义，在所有人都知道秘密的当前，说自己不知道，当所有人都说不知道时，则可以推断所有人都知道。

第十四条：必须理解开会是一种道，在大部分情况下最好选择不发言。

第十五条：必须让婚姻状况成为秘密，尽享隐婚带来的诸多好处。

第十六条：必须掌握一种以上高级语言，洋土结合、荤素搭配、故作无辜状揭露他人秘密，正确把握发言时机，将高级语言低级处理，在正确时机，一博众彩。

第十七条：必须将理财作为日常生活的一部分，主管在时，将手机当公司电话；主管不在时，要将公司电话当私人手机；向同事借钱，不借钱给同事；第一次见面抢着埋单，成为熟人后永远不要埋单。最后一条，捐钱永远不要超过你的上级。

第十八条：必须明白参加培训班的意义，把培训班当做一次轻松的公费春游，趁机多结识些有用的"游人"。

第十九条：必须学会摆谱，也许你很不靠谱，但经常摆谱，让所有人都认为你很靠谱。

第二十条：必须懂得表面文章的建设性，永远第一时间交计划书，而不是去行动，因为毕竟所有学过工商管理的老板都固执地认为，看计划书是他的事，执行是下面的事。

第二十一条：必须与集体分享个人成功，但却不做只照亮别人的蜡烛。

第二十二条：必须遵守规则，按显规则说，按潜规则做，遵守的原则永远不会错，还可以成为别人眼里的高原则人士。

综上所述，被新人羡慕着的老人，其实已经如"老油条"，失去了嚼劲，相处的时间久了，你就能感觉到他看以劲道，实际已疲软不堪，老于世故。其实，这样的人已失去动力源，工作中看似老练，却效率低下，看不到成果。他们的工作是经过了精心粉饰的，金玉其外，败絮其中。在职场看似行得稳走得当,实际已陷入误区不能自拔。

如果你想通过努力工作争取有一天获得成功的机会,就积极调动自觉自愿工作的主动性,在工作中不断为自己"设计"新的挑战,保持工作激情,做个真正务实进取的优秀员工,远离"职场疲惫症",拒绝做职场"老油条"。

3.

提升行动力,工作才更易做得又好又快

提升行动力,就是要现在做,马上做,才有可能将工作做得又好又快,推动成功的进程。作为企业的员工,工作落实到位、执行到位,能抓住工作的实质,当机立断,立即行动,毫不延缓,才能达到高效工作的效果,做出优秀的工作业绩,获得更多成功的机会和通道。

要做好工作,将工作做出实效,就要在工作中养成立即落实和执行的习惯,始终保持立即落实和执行的做事态度,才能不断提升行动力,在长期的工作实践中培养出成功者的特质。一个具有超强行动力的员工,凡事行动为先,那么他总是能第一秒开始就迈出了最重要的一步,成功对于他来说,也往往更容易更快捷。

有一人不管做什么事情,他总能获得成功,而且据说他最近还取得了巨大的成功,成为名噪一时的成功人士。

很多人纷纷慕名而来,向他请教成功的方法和秘诀。

这一天,有个年轻人从遥远的北方来到他面前,虔诚地希望能拜他为师,向他学习如何成功。

他和蔼地说："你想知道什么，尽管说吧。"

年轻人开口就问："请问您为什么会如此快就能获得如此多的成功？"

他平静地说："马上行动！"

年轻人狐疑地问："您在成功的路上没有遇到过挫折吗？如果遇到挫折，怎样办？"

他淡淡地说："马上行动！"

年轻人不解地问："难道您困难的时候不会有低潮吗？"

他笑了笑说："马上行动！"

年轻人不甘心地问："您能不能告诉我不一样的成功秘诀是什么？"

他坚定地说："马上行动！"

年轻人有些失望地问："难道您一点成功的经验都没有吗？"

他肯定地说："马上行动！"

最后，年轻人觉得成功人士也不过如此，他的身上其实没有什么东西可学的，只好两手空空而归。

成功人士真的没有告诉他答案吗？他的每一个问题，成功人士都给予了最好的回答——马上行动。凡事马上行动，是走向成功的一切秘诀和经验，也是克服挫折、战胜困难的法宝，而他却没有领悟到成功人士的话中之意，最后只好两手空空而归。只怕他今生也不会取得成功了。成功人士说得没错，"马上行动"是一切成功的第一步，是帮助许多成功者走向成功的加速器。

在现实生活和工作中，这个故事里的年轻人是时下多数年轻人的真实写照。尤其是对于 80 后、90 后来说，他们是"新新人类"的代表，有个性，充满朝气，热切渴望成功，但是当智者用自己的言传身教告诉他们如何成功时，他们却不知道这就最简单的、最有效的方法。

他们常常叹息无用武之地，他们大多时候都在想象着成功，而一旦遇到困难和问题，要么停止不前，要么绕道而过，而不是马上行动力，去有效落实工作,解决问题,战胜困难。所以他们连自己的工作都做不好,也一直无法成功。

只有读懂了智者的年轻人,他们不会叹息,也不会空想,而是有效落实工作,马上行动,说干就干,绝不含糊,做事讲究一个"快"字。然后,立即着手、积极行动、自觉自愿地去做,一件一件地完成眼前的任务。所以,他们能比别人更快地接近目标,攀上成功的高峰。

作为一名员工,要想成功,就一定要不断提升行动力,在工作中养成立即行动的工作习惯,工作才更易做得又快又好,成功自然也就水到渠成了。那么,在日常工作中,我们该如何做才能提升行动力,促使自己立刻行动呢?

(1)接到工作任务后,切忌企盼"万事俱备",否则就会产生重重顾虑,工作就永远没有开始,一切成功的种子就只能腐烂在脚下的土壤里。

(2)将"马上去做"作为自己的做事理念,将规划与实际工作相结合,边实践边调整,根据目标行动,将以最快的速度拉近与成功的距离。

(3)迅速作出决断,在第一时间完成工作,成功的机会也更多。

工作是人生的一部分,在我们获得成功的过程中占着最大的比重。只有我们立即着手、积极行动、自觉自愿地去做,一件一件地完成眼前的任务,我们才有可能比其他人更快地接近目标,攀上人生的高峰。

4.

无论事大事小,都要自发自愿做好

在生活和工作中,有不少人大事做不好,小事不想做,虽然他们自认为自己有水平、有能力,但是对一般的事情弃而不做,不加理会,也是不能取得成功的。只有愿意从小事做起、将每一件小事都做好的人，才能有朝一日干出一番大事。

每个人所做的工作都是由一件件小事构成，而且很多时候这些看起来微不足道的小事，或者一个毫不起眼的变化，却能解决工作的大问题，实现工作中的一个突破。在实际工作中，很多时候就因为一件小事没做好，致使整个计划全盘失败，前功尽弃。所以，工作之中，无论事大事小，都要自发自愿做好，成功才会更快得以实现。

成功人士认为工作中的每一件不起眼的小事都值得积极主动地去做好，只要有益于自己的工作和事业的事情，都是日后做大事的基础。

顾松平是一家公司的总经理，他的助理是一位名牌大学毕业的高材生，叫陈艳乐。

有一天陈艳乐找到他，说每日的工作都是些琐碎的小事，既不需要太多智慧，也看不出什么成果，心便渐渐冷下来了，她希望总经理能安排一些重要的大事给她做。

顾松平笑了笑，点头同意。他拿出一份文件，让陈艳乐装订好后，给他送过来。

陈艳乐不悦地撇了撇嘴，拿起文件，边往外走边想：这也算大事啊？不就是装订一下吗？再简单不过了。

很快陈艳乐就装订好了文件，拿着文件来找总经理。

顾松平接过文件问道："你真的做好了这件事吗？"

陈艳乐肯定地说："这么简单的事，能有什么问题呢？"

顾松平拿起文件指着封面右下角说："你看这个角卷起来了，你却没有将它抚平。这就说明你的事情没有做好。"

陈艳乐看着那个卷角，有些不以为然地说："谁会注意这么一个卷角呢？"

"我会注意，客户也会注意。"顾松平认真地说，"你没有注意到吗？这是一份合作意向书。这个卷角足以毁掉我和客户的合作。"

陈艳乐惊呆了，这才意识到要做好工作，哪怕是工作的小事也是不容易的。她红着脸说："顾总，谢谢您，我知道我该怎么做了。"

小事做不好，何以能做大事？相信在实际工作中，有不少像陈艳乐这样的"可爱"员工，他们会因为每天处理的是繁琐的小事而失去耐心，会因此而对工作失去热情，他们急于成功的心情却日益迫切。然而，事实上，越着急越不能够自发自愿地去做好工作，老板和上司又怎么放心将重要的大事交给他们来做呢？

要想干大事，必须先把每一件小事做好，小事是做好大事的基础。任何一个能够在企业担当大任的员工，都是从小事做起，积极主动将每一件小事做好、做到位，直至有一天能够胜任更重要的工作，最后在工作中取得成功，成为受老板重用的优秀员工。

作为企业的员工，工作中的事情，无论大小，都值得用心去做好，都应该自发自愿地去做好，才能顺利完成工作任务，做出优秀的工作业绩，获得成功的机会。如果你一心只想做大事，就会忽略很多小事情，在小事上懈怠，将让你之前的付出前功尽弃，最终一无所获。

5.

拖延是成功的最大绊脚石

拖延是成功的最大绊脚石，要想搬开这个大石头，更快获得成功，就必须在工作中培养自己积极主动、自觉自愿的工作习惯。否则，你所做的努力将会付诸东流，你会不自觉地退回到以前平庸的水平上，一生碌碌无为。

工作虽有轻重缓急，但没有工作可以拖延不做，反倒是拖延的时间越长，拖延的工作就会越多，引发的后果就越严重。这样的结果只会让工作效率低到极点，实际上我们的前程也会在拖延中漫无目标，我们向成功前进的速度也会越来越慢，甚至让我们停止不前。

拖延绝不是一种无所谓的耽搁，它可能会使个人和企业永远与成功无缘。本该今天做好的工作，拖到明天，甚至后天，那么明天、后天的工作呢，又要拖到哪一天？因为拖延，我们错过向老板和领导汇报工作的最佳时间，成功的机会就会与我们失之交臂；因为拖延，本该现在就打的电话没有打，我们可能失去一个重要的客户，让企业蒙受巨大损失，试想一下，老板和领导还能把重要的业务交给你来做吗？……

这一切会让事情和问题越来越多，最终堵住我们前行的大道。我们只有坚持"日事日清"的原则，做到今天的工作任务今天完成，此时的工作此时做好，此刻的工作此刻抓紧，才能搬开这块阻挡我们前行的最大绊脚石，在职场的大道上越走越顺畅，越走越成功。

一天上午9点左右，老板急匆匆地从外面回来，一进门，他就从公文包里拿出一沓资料，交给办公室文员张冰，让她根据资料写一份上半年工作总结讲话稿，字数在5000字左右，明天下午他开会要用。

张冰接过资料，就开始抓紧时间组织材料。同事何娜娜说这么短的时间根本写不出来，心里替她捏了把汗。

张冰笑了笑，继续整理资料。她边阅读边将资料归类，并用铅笔划出与上半年工作有关系的主要信息。资料阅读完后，她根据上年的工作总结讲话稿做好大纲，然后根据大纲将资料里有用的信息往相应的大纲项目里填。

这些信息填了1/3时，到了下班时间。她匆匆吃过午饭，继续手头上的工作。何娜娜让她休息一下，下午上班再做，她谢了何娜娜的好意，坚持中午加班。

下午两点左右，内容都填好了，张冰到各部门核对了一些相关信息及数据，确认无误后，开始往里面加入一些演讲风格的词句。

这时下班铃声又响了，何娜娜叫她一起回家。张冰坚持要把工作完成了才下班她到小卖部里买了两个面包和一盒牛奶，就回到办公室继续手头上的工作。

一直到晚上9点左右，张冰才写好上半年工作总结讲话稿，她通读了一遍感觉很满意。然后，她打出纸质讲话稿，核对无误后，才把电子稿通过电子邮箱发给总经理。

第二天一大早，张冰就来到了办公室，将核对后的电子稿打印出来，只等总经理来公司就交给他。

正当张冰做着手上别的工作时，总经理来了，张冰赶紧把讲话稿拿过去给总经理。总经理笑着说："你昨天晚上发给我的电子稿，我看过了，很好！"

下午开会时，总经理破例让张冰参加了公司董事会的上半年工作总结会议，并且在会上经常提到她，还夸她的资料做得很齐，数据也很准确。

在第二天的例会上，总经理宣布提升张冰担任总经理秘书一职。原来自从之前的秘书因为做事拖拉被总经理辞退了大半年后，总经理秘书一职一直空缺着。

而张冰当时进公司是作为普通文员录用的，因为她做事不拖拉，对工作又认真细致，做事考虑周到。她"刚好"弥补了这个"空缺"，在职场取得了飞跃式的成功。

很多时候工作只差那么一点点时间就可以收尾了，但是习惯了拖延的员工，总是会让自己因这一点点时间而失去很多成功的机会。拖延不仅将他与成功的距离拉得越来越远，还将机会拱手让给别人。

总经理之前的秘书不用细说，就是这样将自己从总经理秘书的"宝座"上拉下来的，而张冰则是因积极主动、自动自愿完成工作任务，登上了总经理秘书的"宝座"，对于在别人眼里资质平庸的她来说，这就是奇迹，是超越了自己梦想的成功。

要搬开拖延这块绊脚石，使通向成功的路畅通无阻，就应该向张冰学习，在最后的一点点时间，坚持那么一小会儿，机会就会像天上掉下的馅饼砸在你头上。

其实，每个人都知道拖延的危害，但是彻底搬掉这块阻碍成功通道的最大绊脚石，还要从以下九个方面入手：

（1）切不可对领导安排的工作"顺而不从"，将不良情绪带到工作中，应该理性接受工作任务，积极与领导沟通工作上的相关处理事宜，工作将更有成效；

（2）以自己曾经因拖延造成的严重后果警戒自己，对自己进行晓之以理的通告；

（3）找出造成拖延的原因，将它们一一写下来，直到改掉为止；

（4）制定出科学的计划，并将计划贴在显而易见的地方，以督促自己践行；

（5）合理规划时间，不要让时间白白浪费，或被无价值地占用；

（6）鼓励和约束自己限时完成任务，专注于要做的每一件事情；

（7）行事果断，遇事冷静，多找方法，不为自己寻找任何借口；

（8）做一件事情就要善始善终，绝不半途而废，因为坚持总会有结果，而放弃是没有任何成绩的；

（9）勇于向"不可能完成的工作"挑战，化解心理压力，是扫除拖延的基础。

6.

懈怠工作等于放弃成功

"工作好累啊,真想休息啊。"

"不想工作,可是又不得不养家糊口。"

"我越来越讨厌上司,真想辞职不干了。"

"我真倒霉,总是让我做最不好做的工作。"

"你是优秀员工,我只是普通员工而已。"

"你想当先进,我没你这么上进。"

"唉,工作做得多有什么用,还不如人家说几句好听话。"

"这年头有能力,不如有魅力。"

……

这些声音似乎在职场一浪高过一浪,随之而来的是内心强大的负面能量释放出来,我们对工作的心理好像在"闹罢工"了,这可是个危险信号。遭遇职业懈怠,我们的工作积极性会被完全打消,对工作的热情也会降低到冰点,工作已成为我们急于丢掉的包袱。

如果任其漫延,我们曾经辛辛苦苦的付出将溃于一旦,我们的前程就会如同遭遇了山洪一般,被冲得无影无踪……这样的状态,会使我们如中了邪一般,通过自己的言语和行为表露无遗,无论是同事还是上司,只要稍细心观察就能察觉到。这是多么可怕的事情!我们必须调整心理状态,否则,不要说成功了,就连最基本的工作都做不好,面临的将是什么?等于放弃成功,甚至失业,难就业,这样的后果不是我们真正想要的!

楚荀在公司的营销岗位上已经工作三年了,为了做好这项工作，他可是下了一番工夫。对近百种产品的性能和价格烂熟于心，并经过虚心请教，搜集资料，掌握了同类产品的性价对比，使他能对本产品进行更加准确的定位，营销工作渐渐做出了业绩，让他在公司崭露头角。

为了与客户联络感情，一向不善于交际的楚荀还学着会了应酬。在实践中他发现，每个城市都有其城市文化、人文特点，每个企业也有其企业文化，每个人更有其个性和特色。"物以类聚，人以群分"，他根据城市、企业和个人的特点，寻找价值观和兴趣相近的人做营销，往往事半功倍，不但业务做成了，还多了一个志同道合的朋友。工作上越干越顺手，他从工作中找到了乐趣和成就感。

但是最近楚荀工作总是提不起精神来，不想工作，而且有时还会焦躁不安。原来在他所工作的区域，无论是客户还是业绩，他都已经是最好的了。可是这三年，换了两任主管，说实话这两任主管实在是不怎么样，论能力和才华都不如他，而且每一位主管上任，都是将难度较大的工作都交给他来做。

楚荀越想越生气，等于他总是在攻关克难，总是他栽树别人乘凉，出的力多，得到的利却少。想想自己这三年，离开小家，奔波在各大城市，和妻子聚少离多，甚至都放弃了要孩子的计划，觉得自己的付出最多，就应该挣最多的钱，更应该得到公司的提拔和重用，但事与愿违。

再看看那个新来的业务员秦亚军，样样不如自己，只因会在经理面前"卖乖"，就深得经理的喜欢，不仅工资比自己拿得多，而且还听说要提拔他为第三任主管。楚荀心里更不平衡了，工作起来没了以前的干劲。

连续三个月他的业绩一落千丈，从第一名排到了倒数第三名，经理找他谈话，楚荀懒懒地说："反正干得多，不如拍得多；至于业绩嘛，够我的生活费就行了。"

经理说："公司之所以一直在换主任，而没有提拔你，是因为觉得你的能力可以担任经理,甚至分公司的总经理。"

楚荀不相信:"怎么可能呢? 经理不是您吗?"

经理说:"明年公司在上海成立分公司,经过研究决定让你担任公司的总经理。"

楚荀不置可否地笑了笑说:"您在拿我开心吧,刺激我的神经,让我白卖力气?"

经理认真地说:"楚荀啊,你心中有不满我可以理解。但是我绝不会拿这样的事情来开玩笑,你想想我这样做有意义吗?"

楚荀这才意识到经理绝不是在说笑,而且自己的情绪、工作表现的确是存在问题了,如果这样下去不仅当不了分公司的总经理,只怕连现在的工作也保不住了。

经理语重心长地说:"你的努力、你的业绩有目共睹。公司不可能没有考虑的,这三年来就是对你最好的考验。楚荀啊,我对你也是寄予了厚望的。一个真正优秀的人才是经得起考验的。本来我是不该这么早就告诉你这些的。看到你近期的工作懈怠了,而且情况越来越严重,我不想失去你这么好的同事。"

楚荀想想自己最近的表现,确实很糟糕,满腹怨气不说,因为自己的懈怠好多老客户都纷纷投入了竞争对手的门户,而新客户,他基本上没有去开发……

楚荀说:"谢谢您,我太令您失望了。不过您放心,从现在开始,我决定调整自己的工作状态,重新投入工作中。"

其实,很多时候我们应该通过一些表面现象看待工作的本质,如果像楚荀这样因为没有得到提升和加薪就愤愤不平,懈怠工作,长此以往,最终的结果只会使自己之前所有的努力和付出付之东流不说,还要贴上不光彩的标贴,失去成功的机会。想必这绝不是楚荀想要的结果,也是每个人不想要的结果。

成功来自工作的积累,也许你年复一年的勤奋努力,不一定如你所期望的那样回报你更多,但是坚持不懈地勤奋努力,总有一天会成就你的理想，让你如愿以偿。

任何一家企业、任何一个老板、任何一个领导都不喜欢懈怠工作的员工。因为他们清楚员工对工作的懈怠，还会形成负面冲击，成为一种风气，企业就面临着很大的风险，随之而来的就是企业效率降低，人浮于事，执行力低下，管理成本增加，更严重者，可能导致整个管理体系的崩溃。

这样的员工不仅得不到企业的重用，还会成为令老板和领导头痛的"头号人物"，一旦时机成熟，必然会被辞退。老板和领导不头痛了，但是作为员工的你呢？因为调整不好自己的状态，就算进入了新的企业，从事着新的工作，也一样做不好工作，所以，当我们出现以下表象时，就要警惕自己是否染上了工作懈怠，是不是开始"心理罢工"了：

对工作产生懈怠心理的员工，情绪低落，无进取心，对工作积极性较高的同事进行打击、奚落、冷嘲热讽，这些都是"心理罢工"的初级表现。员工在工作时间闲聊、玩游戏，对于上级的工作指令推诿拖延或变相不予执行，甚至还会摆架子，在工作中故意刁难同事不予配合，这些行为就更加显露出员工内心对工作的倦怠和不满，负面情绪很重。

赶快对比一下自己的工作表现吧，如果存在上述表现的任何一种，我们都应该予以重视，以便及时作出调整。我们要明白任何负面情绪都不会改变我们的现状，而且只会让我们的现状越来越糟糕，长此下去我们毁损的不仅仅是企业的利益，更多的是自己的利益。

懈怠的工作状态是做不好任何工作的，哪怕是简单得不能再简单的工作，哪怕是小得不能再小的工作，因为懈怠已吞噬了你的认真负责、你的细致积极、你的热情真挚，包括你的所有原动力。那么，机会就会像孙悟空打落在地上的人参娃娃，无论打落多少，都会瞬间消失得无影无踪。

成功的机会对每个人来说都是一样的，没有多少之分，也不会因人而异，只是有的人懂得了抓住它们的方法，而有的人不懂得抓住它们的方法，不去反省自己，不去学习，反而把怨气发泄在工作上，自然永远也吃不到"人参果"了。

第四章

敢于担当、负责到底是驶向成功的方向盘

一个在工作中敢于担当、负责到底的员工，必然能把握住成功的方向，用自己的行动来证明自己。一个真正负责的员工首先是一个善于服从的人，因为上司给你指令时，也等于在向你传递成功的机会。只有抓住了机会的人，才能在工作中扩展职责，找对成功的方向。

1.

上司的指令，第一反应是服从不是推诿

　　一个执行力强的企业，上司的每一道指令都会被下属彻底执行，而不是口是心非，拖拖拉拉，能做尽可能做，不能做想办法推脱。员工对工作及上司指令的执行程度，决定了一个企业的发展速度。一个企业，若是执行力不够，经常出现相互间的扯皮、推诿事件，那么即使再好的策略，对其发展也没有太大作用。

　　面对上司的指令，下属所以会出现推诿现象，第一个原因就是上司所下达的指令存在漏洞，在责任上没有清晰到人，这就给了那些爱穿空子的员工以可乘之机。对于下属来说，一般人不会做上司渴望的事情，只会做其要检查的事情，而且所检查的事情权责之前已经有了明确界定。

　　对上司的指令，下属们推诿的第二个原因就是对其没有什么好处，执行不好，责任是他自己的，执行好了也不会从中获得什么好处，于是对于这样的指令，他们往往是能推就推，能躲就躲。还有一些指令不仅对执行者没有好处，而且执行了还会对其有坏处，对于这样的指令，他们会找出所有可能不执行的借口和理由。

　　浙江有一家电动车厂，老板花了 300 万元推行 ERP，最后只换来几个字——ERP 没用。因为 ERP 专家做了一段时间后，财务部的五个人发现：现在手工做账，五个人都有饭吃，如果以后推行 ERP，只要三个人就够了。

　　哪两个人下岗呢？谁都不愿意下岗，所以他们经常串通起来，拿一些错误的数据报告给老板，说 ERP 不行，把正确的原始数据输入之后，输出的结果都是错误的。次数多了，老板也开始怀疑 ERP 到底行不行。

　　后来销售部和采购部的人也希望不要用 ERP，希望随意性越大越好，这样他们就可以有"小动作"，如果实施 ERP，以后账目全部透明化、同步化了，他们的灰色收入就没有了。

　　所以这些人经常故意和 ERP 专家发生冲突。老板想，请专家来是为了解决问题，却没想到会不断地增加问题，300 万元花掉了，什么效果也没达到。

　　对上司的指令，下属们容易推诿的第三个原因是，其所要做的事情责任重大。责任大，说明风险就大，一旦执行不好，后果不堪设想，如要么被罚款，要么被辞退。所以，面对这一压力，他们往往会产生"宁可不做，也不能出错"的心态。

　　第四种容易推诿的原因是，其所要执行的任务时间紧迫。对那些责任感不高的员工来说，时间紧迫本身对其就是一种无形的压力，由于没有做事全力以赴的习惯和舍我其谁的心态，面对这样的任务，还没有等他们执行就已经在心里为自己设了一个大大的坎儿。

　　第五种容易推诿的原因是，节假日的工作。对员工们来说，节假日似乎是每个人都不愿意错过的玩的机会，在很多人心里，宁愿不拿高于平常一倍甚至三部的补偿，也要好好玩一下。所以，如果突然告诉他们节假日不休息，其心里大概有 180 个不乐意。有时，就算表面上勉强同意了，其心有多半已经不在工作上了，所以如果这时候交给其一些不得不完成的工作，其心中肯定大为不悦。

　　最后一种容易推诿的原因是，自己所接到的工作指令并不是自己所擅长的，也不是自己感兴趣的。不擅长，说明经验不足，做起来不仅不会出成绩，而且还容易出现纰漏；不感兴趣，说明其做这样的事情很难集中精力、全身心地投入去做。他们自己也清楚，做这样的事出错几率高，且效率不高的事情，就算自己勉强做了，也不会有什么好结果，所以能推诿还是推诿的好，免得到最后引火烧身。

> 张秉贵就是把小事情做细、做透的典范。20世纪80年代，他是北京百货大楼卖糖果的营业员。一般人会想：别人当局长、当老板，我堂堂七尺男子汉，却去站柜台卖糖果，真是没出息。如果有这种想法，他就不会热爱这份工作。
>
> 可是张秉贵告诉自己，既然让我卖糖果，那就把糖果卖好；既然让我站柜台，那就把柜台站好。后来张秉贵练就了一套功夫：卖糖果不用称，而是用手抓，抓得特别准，一斤就是一斤，两斤就是两斤。名气越传越大，他的个人品牌打响了，大量的消费者冲着他个人的名气专门去北京百货大楼购物。

所以，一个聪明的上司一定会在下每一个指令前将以上几种情况都考虑进去，而不让聪明的小人钻了空子，不让不愿做的做，不让经常避重就轻的人做关系重大的事情，不让没有以企业为家精神的员工经常性加班加点，同时也不会让没有进取心的普通职员做那些时间紧迫的任务，以及不让对所下达指令不感兴趣的员工做这样的事情。

对员工来说，以上容易出现推诿的六个原因多发生在普通人的身上，尽管他们也想成功，也想在企业有所发展，但其更关注的是自己的岗位和工资，如果自己所接受的指令会影响或威胁到自己所在意的利益，他们会毫不犹豫地绞尽脑汁想办法推脱。

然而，对那些真正懂得如何在职场中实现自我价值、赢得发展舞台的员工来说，敢于担当、负责到底的服从意识会让他对上司的指令毫不犹豫地去执行，在他们的头脑中绝没有推诿，第一反应一定就像一个职业军人一样，绝对服从、彻底执行，保证完成任务。

对职场中普遍存在的推诿现象，有人曾杜撰了一个很令国人心痛的故事来唤醒我们心中深层的自尊。

故事大致是说，有两个人在交接一根针时，不小心掉在地上，五个国家的人有五种不同的找法:德国人做事严谨,把掉针的地方分成很多块方格子,然后一个方格子一个方格子地去找,最后一定找到;法国人非常浪漫,他们凭借灵感,喝着香槟,吹着口哨,灵感一来,愉快地找到;美国人性格开放,不拘一格,他们找一个扫把一扫,再在扫拢的一小堆中很快地找到;日本人讲求合作,两人商量一起找,你从这边找,我从那边找,一下就找到;中国人则不同,首先不是如何去找针,而是互相推卸责任,结果吵得一塌糊涂,针却没有去找。

在我国,无论相互推卸责任是不是一种普遍存在的现象,对那些渴望成功的人来说,在面对上司的指令时,都不应该满脑子想的是你推我、我推你,使指令迟迟得不到有效执行,以致胎死腹中。而是应积极想办法、拿措施,不要怕承担责任,因为任何一个上司都会把更好的机会留给服从自己指令的人。

2.

责任,是成功传递给你的机会

常听人说,"只要给我一次机会,我就会让你们知道我是多么的优秀。"很多人一直在寻求机会以充分证明自己的实力和能力,然而机会在哪里呢? 机会不在别处,就藏在责任之中,敢于承担责任的人不一定马上就会有机会,但终会得到回报。

如果将责任等同于机会,那么我们会突然发现,自己身边的机会实在是太多了,并不是机会难寻,而是一直都没有被自己注意到。很多人总是抱怨机会太少,其实不是机会少,而是等机会真的出现时,他们却没有把握住抓住机会的机会。

　　为什么抓不住机会呢？一是缺乏抓住机会的能力，只能眼睁睁看着机会从眼前溜走，自己却什么也做不了；二是机会来了却没有做好准备；三是没有认识到责任就是机会，见要担当的责任多或重大，于是把机会也给躲掉了。

　　人性的弱点之一就是对责任的逃避。这是人之本能，因为承担责任就意味着要承担风险，对此我们不可否认，如果自己承担了责任，有可能会把事情做砸，可能会因此而受到惩罚；若是自己什么都不做，就什么事都没有了。的确是这样，但如果我们把事情办好了呢，是不是机会就来了？这样的机会对那些不愿承担责任的人来说似乎也没有什么关系。而且，那些什么责任都不愿承担的人看似不会存在什么风险，其实不做事、不愿承担责任才是最大的风险。

　　工作中的很多事情，既是责任，又是机会，然而对于责任、风险和机会三者之间的关系如何正确理顺，确实是一个难解的题，也是一个仁者见仁智者见智的问题，我们如何看待它，就会得到什么样的答案。

　　褚时健虽然只是一个才二十出头的年轻人，可是到如今已经做外贸生意好几年了。说起他的创业起点，就和责任有关系。那时，他们公司偶尔有外贸业务，却缺乏这方面的人才。

　　有一天，领导安排员工去办理外贸业务时，很多人都不愿意去。但是，他却主动请缨，虽然他对外贸操作流程一无所知，还是义无反顾地冲了上去，用他的话说就是"不懂就学呗，学东西是好事情啊！"

　　事实证明，他承担这一其他人不愿意承担的责任，也就获得了一个重要的发展机会。几个月后，他成了公司不可或缺的外贸人才。一年后，他自己开了外贸公司，因为他将外贸那一摊工作已经全部学会了，尤其重要的是，他在办理外贸业务过程中，认识了海关的工作人员，还结识了好几位外商！

　　同样的事情，如果发生在别的企业、别的部门，可能很多人也会像他之前的同事一样,个个唯恐避之不及。比如,如果某企业在税务上出了问题,作为企业财务部门的工作人员,如果老板让你去到税务部门汇报一下情况,你乐意去吗?相信很多人的第一反应是,干吗让我去啊!

为什么大家会作此反应呢?因为大家明白,去税务部门汇报情况明摆着就是去接受批评的,如果协调不好,还可能让企业受到罚款等处罚。因为有此警觉,所以没有人愿意去。不过反过来想呢,如果我们去了,首先就有机会认识税务部门的人,如果自己人际吸引力强,还能和他们建立联系。

同时,如果平时我们没事去找人家,人家还很可能找理由说没法抽出专门的时间接见我们呢!而去,在我们与税务工作人员交流的过程中,说不定还能从他们那里学到新的税法知识及规范的财务核算方法呢!

若是我们能够在汇报工作中取得成绩,那么我们在领导眼中的地位是不是也会提高一大截?所以,无论什么部门,在出现问题时,如果我们敢于勇敢地承担,并有决心纠正错误,那么大家都会尊重和敬佩你,好机会当然也会青睐你。

其实,我们的老板、上司、同事都在关注自己,如果我们做出成绩了,回报自然就来了。因此,敢于承担责任,善于抓住现有的机会,才是聪明的举动。没有责任心或不敢承担责任的人,无论在什么样的企业都不会有太大的发展。

对于成功人士,我们通常会谈论他们的聪明和才华,但是当我们细细分析成功人士成功的背后故事,可能就会更多地发现,他们身上最突出的品质不是聪明,而是责任心。因此,当我们觉得自己缺少机会或者是职业道路不顺畅时,先不要抱怨环境,而应该问问自己是否承担了应负的责任。也许只要我们做好了眼前的工作,敢于承担属于自己的责任,就会发现机会无处不在。

黄勇到一家钢铁公司工作还不到一个月,就发现很多炼铁的矿石并没有得到充分的冶炼,一些矿石中还残留没有被冶炼好的铁。如果这样下去的话,公司岂不是会有很大的损失?

于是，他找到了负责这项工作的工人，跟他说了这个问题，这位工人说："如果技术上有问题，工程师一定会跟我说，现在还没有哪一位工程师向我说明这个问题，这说明现在没有问题。"

黄勇又找到了负责技术的工程师，对工程师说了他发现的问题，但工程师很自信地说："我们的技术是世界上一流的，怎么可能会有你说的问题呢？"工程师并没有把他说的看成是大问题，还暗自认为，一个刚毕业的大学生，能明白多少，不过是因为想博得别人的好感而表现自己罢了。

但是，黄勇认为这是个很大的问题，于是他拿着没有冶炼好的矿石找到了公司负责技术的总工程师，他说："先生，我认为这是一块没有冶炼好的矿石，您认为呢？"

总工程师看了一眼说："没错，年轻人你说得对，哪里来的矿石？"

黄勇说："是我们公司的。"

"怎么会？我们公司的技术是一流的，怎么可能会有这样的问题？"总工程师很诧异。虽然总工程师也这么说，但事实确实如此，看来确实是出问题了，但怎么没有人向我反映？总工程师有些发火了。

于是，总工程师召集负责技术的工程师来到车间，果然发现了一些冶炼并不充分的矿石。经过检查发现，原来是监测机器的某个零件出现了问题，才导致了冶炼的不充分。

公司的总经理知道了这件事之后，不但奖励了黄勇，而且还晋升黄勇为负责技术监督的工程师。总经理不无感慨地说："我们公司并不缺少工程师，但缺少的是负责任的工程师，这么多工程师就没有一个人发现问题，并且有人提出了问题，他们还不以为然。对于一个企业来讲，人才是重要的，但是更重要的是真正有责任感的人才。"

责任是成功传递给我们的机会。承担责任，绝不仅仅是为老板分忧解难,更是为自己的发展铺平道路。责任心是决定一个人能否健康发展的核心品质之一,责任意味着行为,意味着必须承担的任务。推卸责任,的确可以在一时一地免受惩罚,或者落得不做事的清闲,但是,长此以往,我们一直渴望自我价值实现的机会在哪里呢?

经常有一些企业管理者感叹,"我不需要高学历,我们只要员工对工作认真负责就行"。由此看来,企业招聘人才,不仅仅是看一个人的学历、学位、资历,更看重一个人的职业素质,而职业素质中最关键的要素就是责任意识。

社会学家戴维斯说:"放弃了自己对社会的责任,就意味着放弃了在这个社会中更好生存的机会。"同样,如果我们放弃了自己对工作的责任,就意味着放弃了在企业更好发展的机会,这样永远都不会获得成功。

3.

负责的员工,最受老板青睐

人可以不伟大,但不可以没有责任心。负责是一名员工在职场的立身之本,也是让自己变得优秀、通往成功的一条捷径。我们可以看看身边的那些成功人士,在助其成功的诸多原因中都少不了他们对自己所说的和所做的一切负全部责任的责任心。

在职场中,一名员工只有具有高度的责任感,才能在执行领导的指令时百分百服从,才会毫无理由地敢挑重担、勇于负责。在做起事情时,他们会在每一个环节中都力求完美,按质、按量地完成计划或任务。

工作就意味着责任,没有责任感的员工不是优秀的员工。一个人要干好自己的本职工作,就要有高度的责任感,就要勇于对自己的工作负责，以生生不息的精神、火焰般的热情，去做好每一天的工作。

陈峰和戴明是新到速递公司的两名员工。他们俩是工作搭档，工作一直都很认真，也很卖力。公司对这两名新员工也都很满意，然而一件事却改变了两个人的命运。

一次，陈峰和戴明负责把一件大宗邮包送到码头。这个邮件很贵重，是一个古董，公司反复叮嘱他们要小心。没想到，送货车开到半路却坏了。戴明说："怎么办？你出门之前怎么不把车检查一下，如果不按规定时间送到，我们要被扣奖金的。"

陈峰说："我的力气大，我来背吧，距离码头也没有多远了，而且这条路上的车特别少，等车修好，船就开走了。"

"那好你背吧，你比我强壮。"戴明说。

陈峰背起邮包，一路小跑，终于按照规定的时间赶到了码头。这时，戴明说："我来背吧，你去叫货主。"他心里暗想，如果客户能把这件事告诉老板，说不定还会给我加薪呢。他只顾想，当陈峰把邮件递给他的时候，他却没接住，邮包掉在了地上，哗啦一声古董碎了。

"你怎么搞的，我没接你就放手。"戴明大喊。

"你明明伸出手了，我递给你，是你没接住。"陈峰辩解道。

陈峰和戴明都知道，古董打碎了意味着什么，没了工作不说，可能还要背负沉重的债务。果然，老板对他俩进行了严厉的批评。

"老板，不是我的错，是陈峰不小心弄坏的。"戴明趁着陈峰不注意，偷偷来到老板的办公室，对老板说。

老板平静地说："谢谢你，戴明，我知道了。"随后，老板把陈峰叫到了办公室："陈峰，到底怎么回事？"

陈峰就把事情的原委告诉了老板，最后陈峰说："这件事情是我们的失职，我愿意承担责任。另外，戴明的家境不太好，如果可能的话，他的责任我也来承担，我一定会弥补我们的损失的。"

陈峰和戴明一直等待处理的结果,这天老板把他俩叫到了办公室。老板对他俩说:"公司一直对你俩很器重,想从你们俩当中选择一个人担任客户部经理,没想到却出了这样一件事情,不过也好,这会让我们更清楚哪一个人是合适的人选。"

戴明暗喜:一定是我了。

"我们决定请陈峰担任公司的客户部经理,因为,一个能够勇于承担责任的人是值得信任的。陈峰,用你赚的钱来偿还客户。戴明,你自己想办法偿还给客户。对了,你明天不用来上班了。"

"老板,为什么?"戴明问。

"其实,古董的主人已经看见了你俩在递接古董时的动作,他跟我说了他看见的事实。还有,我也看到了问题出现后你们两个人的反应。"老板回答说。

在现实生活中,企业缺少的不是寻找借口的人,不是避重就轻的人,而是那些敢于负责和想尽办法去完成任务的人。在他们身上,体现出一种服从、诚实的态度,一种负责、敬业的精神,一种完美的执行能力。

在任何企业,每一个老板都青睐那些敢于负责的员工。因为一个员工如果没有责任感,就没有执行力。没有责任感,就不会主动承担责任。没有责任感,就没有工作绩效。这样的工作状态,无论对自己还是对企业都是无益的。

浙江诸暨某公司因经营效益越来越差,领导将各部分主要负责人召集在一起开会讨论为什么会如此,以及下一步的应对措施。

会议刚一开始,就有人义正词严地说:"这事不明摆着就是销售部门的事吗?就是产品卖不出去所导致的啊,大家说是不是?"

销售部马上有人不高兴了，看着那人生气地说："你怎么能这样说呢？我们销售部门风里来雨里去，我们容易吗？不信你去试试看！"

"你说不是你们销售部门的事，那是谁的事？"对方反问道。

销售部负责人回答说："这个事情我认为非常简单，研发部门应该好好检讨检讨，别的公司的产品总是不断更新换代，我们卖的是老产品，我们能卖得动吗？"

"是啊，我怎么没有想到呢，我们进厂这么长时间，一直没有开发新产品，你们研发部门是不是也有责任呢？"那人又将矛头指向研发部门。

研发部负责人似乎早已想好了应对理由，他说："我们也有苦衷啊，我们没有钱搞研发，你看就这么点钱，上个月让财务部门的张会计给消掉了。你说我们拿什么钱搞研发？"

那人又回过头来问张会计："对呀，张会计，这么重要的事，你怎么不给研发费呀？钱上哪去了？"

张会计似乎有一肚子委屈要说："这个事啊，大家毕竟没当家，不知道柴米油盐贵。大家知道吗？现在是公司的现金流出现了问题，国家的税我得缴吧，房租、水电我得付吧，供应商的钱我得给吧，员工的工资我得发吧，现在公司的账上没有钱，我才没有给研发部开钱，只要公司账上有了钱，我会加倍给研发部的。"

"那你说说公司账上为什么没有钱啊？"那人又追问道。"今天开会之前，我做了个调查分析，主要原因就是我们的制造成本提高了。"

张会计很生气："你这话怎么说啊，怪不得外国人说我们中国人喜欢窝里斗，这话一点不假，老板你知道吗？我们的原材料价格上涨，所以我们的成本才高的呀！"

最后，老板若有所思地说："原来我们企业的效益不好，我还得去找原材料上涨的原因，那么诸位散会后可以回家睡大觉了，等我做好调查,再通知你们上班吧!"

　　勇于负责是干好工作的前提。若谁都不愿意负责,谁都觉得责任不在自己,那么企业面临的问题何时才能够解决呢?而一名有责任意识的员工,无论处在什么职位、什么岗位,都能自觉地意识到自己所担负的责任。

　　一个人,只有在其有了自觉的责任意识之后,才会以积极的心态面对自己每天的工作,才会尽心尽责地全身心投入到工作之中,才会因此而获得良好的工作业绩,才会受到领导和上司的青睐。

　　大多时候,企业里真正缺乏的不是经营的战略,也不是流程和制度,更不是高谈阔论的天才演说家,而是能够踏踏实实、认认真真负责的人,能够落实贯彻企业各项指令的人,能够高效执行领导下达任务的人。

　　著名企业家任正非是深圳华为集团的掌门人,他有个非常有名的理论:在引进新管理体系时,要先僵化,后优化,再固化。也就是对上级制定的策略、体系,下属们绝对不能评头论足,而是不折不扣地听话、照做。

　　关于这一点,用他在一次公司干部会上所讲的话作为解释最合适不过了。他说:"5 年之内不允许你们进行幼稚创新,顾问们说什么,用什么方法,即使认为他不合理,也不允许你们动。5 年以后,把人家的系统用好了,我可以授权你们进行最局部的改动。至于进行结构性改动,那是10 年之后的事。"

　　作为一家民营企业,华为所以能够在不到 30 年时间里就成为了世界500 强企业,能够将产品打入世界市场,原因有很多,但其中一个重要原因无疑就是这种对制度的尊重和始终如一的执行。

　　对于员工来说,成功需从做好自己的工作开始,那么如何才能够做好自己的工作呢?不是得过且过、差不多就行,不是做了就行,做不好就找理由、找借口,而是要敢于负责、勇于负责,将责任承担到底,这是做好事的前提,也是每一个人成功的保障。

　　责任感和责任心是道德的基石,是人格的保障!责任心是一种忠诚——对国家、对组织、对家庭的忠诚使我们产生了"铁肩担道义"的赤胆忠心和"厂兴我荣、厂衰我耻"的无比热诚。如果没有这种精神和工作状态，我们就很难说自己是一个可以对工作负责的人。

责任心要靠意识来维持，但要通过行动来体现；责任心要靠感情做支撑，但要通过事实来说明。负责的员工，最受老板青睐。因为透过他的负责精神，老板能够看到其对企业文化的认同，对组织价值观的认可，能够感受到他与企业的融合。

4.

犯错之后的负责，是加分不是减分

如果说失败是成功之母，那么犯错就是成功的阶梯。我们很难想象一个人不犯任何错误就能直奔成功，大多成功者都是踩着一次又一次的错误，不断努力才抵达成功的彼岸的。所以，犯错并不是问题，问题是犯错后不愿认错，不敢为错误承担负责。

美国成功学家格兰特纳说："当我们犯下错误时，会条件性地去找任何借口来为自己开脱；有时，我们甚至会为了推卸这份责任而自私地把责任推到别人身上。"相信这也是很多人都有过的经历，因为担心犯错后的责任落在自己身上，于是我们就千方百计地找理由和借口将责任推卸得一干二净。

能将责任推卸得一干二净，不能不说是一种智慧，只不过这种智慧并不能保证我们每次都能如愿以偿。而且时间久了，我们的这种行为终究会露出马脚，一旦被他人洞察到，也许我们之前所有为遮掩所做的努力都会付诸东流。

犯错之后的不负责，也许会让我们逃过一两次处罚，但这样我们就不会得到别人的认可,从而失去很多发展的机会。因为机会是自己给自己的,我们逃避了责任,其实也就等于远离了机会。而对于正在从事的工作,我们也很难真正明白,承担责任尤其是犯错后的责任所能产生的强大推动力。

相反,错误面前,如果我们能诚恳地去面对它,主动地去承担这份责任,其结果会与我们不断地找借口推卸责任截然不同,而且还会得到别人的认同,机会顺其自然就会送到自己的身边。要知道机会从来不会独来独往,它要么牵着责任的手,要么和责任合二为一。

也许勇于承认错误,不仅不是懦弱,或许是智者宽容的胸襟。记得有一次,华罗庚收到一名年轻人寄给他的一封信,信中指出了他论文中的几点错误。而那时的华罗庚已经是中国数学界公认的权威。

对于这样的事情,也许放在一般人身上,会因为自己过人的技艺而轻视甚至不屑那些指出自己错误的人。但华罗庚没有,他认真地阅读完了那封信,接受了其中的意见,并认为那位青年人有过人的才华而写信邀请他同自己一道作研究。

那位"幸运"的年轻人便是后来名扬全国的数学家陈景润。勇于承认错误并立即改正,使得华罗庚不仅有幸成为发现陈景润这匹千里马的伯乐,更重要的是也成就了他宽广的胸襟。因为这样的品格不仅需要时间的积淀和对自己的清醒认知,更需要有承认错误的勇气。

成功面前,负责到底是驶向成功的方向盘。责任面前,我们要没有任何借口。自己做错了事情,不要怪别人,错就是错,为什么要把责任推卸给别人呢?是主动承担责任还是选择推卸责任,这是我们职业素养和人生态度的最主要体现。

陈洁是一家大型零售公司美洲部的采购主管。有一次,一个叫唐晋的采购助理向他建议，为了迎接即将到来的销售旺季，应该不惜透支账户上的采购资金去大量订购加拿大的一种产品。

陈洁听从了唐晋的建议。然而，这一行为违反了公司的一条至关重要的制度，即"不可以透支账户上的存款余额"。采购完毕后，陈洁没有想到部门经理突然打电话通知他，有一种美国企业研究出的新款服装在欧洲市场上很受欢迎，要求他采购一部分。

可此时陈洁手上已经没有可用资金了。这时，一位同事向他进言，可以把责任推到唐晋身上。陈洁想了想，还是拒绝了，因为他认为，尽管是唐晋向他提出的建议，但毕竟自己才是本次采购的决策人，自己应该承担责任，而不是把责任推给别人。

陈洁向部门经理如实汇报了采购加拿大产品的事情，坦率地承认是自己的失误，并申请追加拨款用来采购美国服装。尽管部门经理很生气，但还是为陈洁勇于负责的精神所感动，很快设法给他拨来了一笔款项。

后来，那种加拿大产品和美国服装推向市场后，深受顾客欢迎，销售非常火暴。为此，公司不仅没有处罚陈洁，还重重奖赏了他。

只有敢于承认错误，人生之路才会走得更加宽广，人格才会得到进一步提升。如果一直顽固地坚持过去的错误，一个人不会成长。

职场中，自己做错的事要自己负责，要大胆向领导承认自己的错误。所谓亡羊补牢，面对错误想出解决问题的办法，才是关键，才是最重要的。如果我们不能主动承担错误，我们就不会以更加积极的态度去面对我们所犯的错，其中的问题也就得不到解决。

世界上有两种人，一种人在努力地辩解，一种人在不停地表现。工作中，如果我们想为自己加分，而不是减分，就要在错误面前少去辩解，要敢于负起责任。当出现问题时，看看是不是自己的原因，而不是忙着去想如何将责任推卸到他人头上。

> 有一个很经典的笑话,说有一个牙科医生,第一次给病人拔牙,一番检查后,他对病人说:"非常抱歉,您的病已不在我的责任范围之内,你应该去找胃病专家。"
>
> 胃病专家用 X 光给病人做了检查之后说:"非常抱歉,牙齿已经掉到肠子里面去了,您应该去找肠病专家。"
>
> 肠病专家同样做了检查之后说:"非常抱歉,牙齿已经不在肠子里面了,肯定掉到更深的地方去了,您得去找肛门科医生。"
>
> 最后,病人趴在了检查台上,医生用内窥镜检查后非常惊讶地说:"天啦,您这里竟然长了一颗牙齿,您得去找牙科医生!"

虽然这是一个看起来有点夸张的笑话,却很能说明问题。就像在工作中,我们每个人都承担着一定的责任,如果犯了错我们就将自己本该承担的责任推给别人,结果只会使肩上的压力越来越大,而且这样的人也很难获得成功。

很多人犯错后所以不愿承担责任,主要是怕担当风险。毕竟犯错并不是什么好事,承担责任无异于承担风险,有时甚至蒙受委屈,被领导批评、做检讨、扣奖金、甚至降职等。这些都会为自己的成功减分,所以大家才会带着内心的愧疚铤而走险。

我国有句话叫"好汉做事好汉当",自己做错了事不敢担当就算不上是好汉。在职场中,谁都难免要犯错,但犯错误后,要敢于承担,勇于认错。这样的人才会受欢迎。因为主动认错能让同事或上司看到你不推卸责任、勇于负责的品质。

承认错误,我们还有补过的机会,其中也包含成功的机会。而主动地承担自己的过错,与主动接受工作任务一样,都可以表现出我们对工作的责任心。所以,千万不要惧怕伴随错误而来的负面影响,一味地隐藏错误或竭力为自己开脱,只会犯更大的错误。

工作中,如果犯了错误,那些勇于承认、敢于担当的人,会被大家认为是一个可靠的人，会得到领导的赏识，认为其具备担当责任的能力而以后提拔他。福兮祸之所伏。从这个角度看，犯错之后的负责，不仅不是在为成功减分，反而是加分。

员工勇于负责，体现着对工作的价值，映照着对企业的忠诚。每一位有责任感的员工，都应该做到对企业负责、对工作负责、对自己负责、对同事负责、对上司负责、对下属负责、对客户负责、对结果负责。

5.

负责不是空话，落实到行动才有效

2006 年 11 月 14 日，空军飞行员李剑英完成训练任务后，在驾机返航途中遭遇鸽群撞击，发动机空中熄火。而此时，飞机已下降至 194 米，如果李剑英选择跳伞，他就能保住自己的生命。

但是，跳伞也就意味着飞机将会在附近坠毁，而在飞机下滑的轨迹范围内分布着 7 个自然村，住着 3500 口人。而且，当时飞机上还有 800 多公升航空油、120 余发航空炮弹、1 发火箭弹，以及易燃的氧气瓶等物品。因此，一旦跳伞，飞机将失去控制，要是坠入村庄的话，后果不堪设想。

时间紧迫，发动机撞鸟之后已经熄火，李剑英只有 16 秒的考虑时间。根据当时的无线电通话记录，为了保护人民群众的生命和国家财产，李剑英先后三次放弃了跳伞逃生的机会，毫不犹豫地选择了迫降。迫降过程中，飞机受到高出地面的水渠护坡阻挡，爆炸解体，李剑英壮烈牺牲。

对工作敢于负责不是一句空话，如果不能落实到行动中去，就算说的比唱的还好听，也只能是软弱无力的空言。若要让他人知道自己是一个负责的人，最好的办法就是用自己的行动来证明。因为没有行动，根本谈不上真正的负责。

在工作中，每一名员工都有自己的岗位，都有自己要肩负的责任，如果我们想要获得成功的机会，最大的可能就是将自己的职责落实到行动上，出现问题敢于承担，勇于负责，只有这样我们才能影响周围同事，才能被领导发现自己的责任心。

负责不是说出来的，而是做出来的。成功人士绝不会做"行动的巨人，语言的矮子"，而是要做敢于担当、勇于负责的优秀员工。因为他们知道，这才是成就事业的必经之路。工作中，虽然每个人的岗位不同，所负责任有别，但要想把工作执行得尽善尽美、精益求精，就离不开勇于负责的品质。

2001 年 2 月 13 日，位于广州东平的一家玻璃制品厂里仍然热火朝天，锅炉里的火焰像喜庆的灯笼映红了半边天，销售经理刘诗铭正在准备着又一批货物装车发出。虽然临近年关，但是订单依然未减，他说这一年的春节又要在厂里过了。

这一年是他到那家厂里工作的第四年，也是他在那里要过的第四个春节。上学那会儿，他是学校有名的篮球高手，曾代表学校参加过广州市三人篮球赛。由于学习成绩不太好，后来他没有考上国内大学，不过凭借着他的外语优势，还是顺利地拿到了前往新西兰的签证，开始了留学生涯。

回国后，刘诗铭就来到了自己家的玻璃制品厂工作，在担任销售经理期间，他凭借着自己的外语优势和行动能力，将销售渠道扩展到美国、欧洲、东南亚等多个国家，每年销售额达到 1.2 亿元人民币，使他所在的企业成为广东省知名的玻璃制品企业之一。

"虽然工厂是自己家的，但是他从国外回来，我们做父母的依然不赞成他回到工厂，因为太辛苦了。"而每次他的回答却是："妈妈我不怕辛苦，你们年纪大了，我一定要回来帮你们。"最后，母亲被他对自己的那份强烈的责任感所打动。

带着一份强烈的责任心，刘诗铭开始接管了工厂的销售工作。他没有让父母亲失望，四年来，他把所有时间和精力都放在了业务上。有一次赶制一批产品，为了保质保量，掌握工程进度，他连续三天三夜没有睡觉。

虽然销售工作很苦很累，但是他从没有半点松懈。对此，他说："我这样做其实就想担起这份责任，同时也给员工做出榜样。另外让我父母在外面提到儿子时，他们会感到自豪。"

"销售是一个企业最关键的一环，如果销售不畅，厂里的700多名员工就拿不到工资，他们出来打工不容易，都为了多赚点钱，养家糊口，所以我必须想方设法拓展业务渠道，让员工们过更好的生活。"

从他的故事中，我们会发现四个字，那就是：责任、行动。完美的执行是责任的最好证明，而没有行动的负责不过是自欺欺人且最不负责的手段罢了。

对一名员工来说，没有行动的责任心对企业没有丝毫作用，同时对自己的成功也不会有任何帮助。所以，想成为一名成功人士，我们不仅要有责任心，还要用具体的行动来担当责任。一个优秀的员工看到的永远是自己的责任，他不会找任何借口或是理由，更不会漠视责任、将责任向外推，他会把所有的精力都用在最好地履行职责上。

如今已是一家公司老总的陈权，一直都非常强调员工将责任落实到行动才有效，因为他一直都记得刚毕业上班那会儿，他所在的单位是一家医药集团，他的领导姓陈，是市场部的经理，每次看到他在打印材料尤其是那些有待修改的材料时，总是将用过的打印纸反过来继续使用。要知道他当时所在的那家企业也算是当地最好最大的医药集团，难道企业会缺少那几张打印纸吗？再说那些材料的打印都是工作的需要，企业也没有明文规定非要用那些使用过的纸打印不可,完全可以用没有用过的新纸来打印。每次回想起当时的那一幕,都会令他记忆犹新,且很有感触。后来大家打印材料时也会跟着陈经理学,而陈经理也并没有要求他们怎么做,只是用自己的行动影响了他们,让他们知道应该如何对企业的资产负责。

成功需要我们具有一种强烈的责任意识。工作中,不要认为判断一个人是否具有责任意识是根据他所做的工作是否重要来决定的。如果我们认为工作中的小事可以被忽略,就是缺乏责任意识的表现。一个有责任意识的人,会把负责落实到自己每天的工作之中,做自己岗位的主人,并用行动来证明自己对岗位所应该履行的责任。

6.

扩展职责,找对成功的方向

"职责"类似于使命,是某件被认为应该做的、必须做的事,担任什么样的职务,就要对所担任职务负责任。而"扩展职责"就是除了本职工作中那些必须要做的事情之外,还可以选择去额外做的事情。

一个人想要在工作中变得优秀,获得成功,在干好本职工作的同时,就不能将那些自己看到的、可以自己动手做的事情视而不见,觉得那与自己的职责没关系。如果这样,也许我们的领导知道后不会当面说什么,但他心里会怎么想呢?

而一个视企业如家的人,一个对企业有感情的人,一个责任心强的人,一定不会对之置之不理。对于工作中的分外事,只要他们力所能及,他们绝不会墨守成规,只做职责范围内的事情,只做老板告诉自己的事情。因为他们知道，要想在职场取得成功，不仅要尽心尽力做好本职工作，还要多做一些分外的工作，只有这样才能使自己时刻保持最好的心态，才能在工作中不断地锻炼和充实自己。

美国著名出版商乔治·齐兹12岁时便到费城一家书店当营业员，他工作勤奋，而且常常积极主动地做一些分外之事。他说："我并不仅仅只做我分内的工作，而是努力去做我力所能及的一切工作资，并且是一心一意地去做。我想让我的老板承认，我是一个比他想象中更加有用的人。"

我们无法决定自己所担任的岗位，无法决定拿多少工资，但在工作中，我们却有办法成为真正的主角，如何做，做多少，很多主动权都掌握在我们自己手中。要想比别人强一点，比别人收获多一点，我们就要比别人多付出一点点，多思考一点点，进而做到每天比别人多成功一点点。

对景旭枫一生影响深远的一次职务提升是由一件小事情引起的。一个星期六的下午，一位律师——其办公室与景旭枫的同在一层楼——走进来问他："哪儿能找到一位速记员来帮忙，我手头有些工作必须今天完成。"

景旭枫告诉他，公司所有速记员都去观看球赛了，如果他晚来5分钟，自己也会走。但景旭枫同时表示自己愿意留下来帮助他，因为"球赛随时都可以看，但是工作必须在当天完成"。

做完工作后，律师问景旭枫应该付他多少钱。景旭枫开玩笑地回答："哦，既然是你的工作，大约1000元吧。如果是别人的工作，我是不会收取任何费用的。"律师笑了笑，向景旭枫表示谢意。

景旭枫的回答不过是一个玩笑，并没有真正想得到1000元。但出乎他意料，那位律师竟然真的这样做了。6个月之后，在景旭枫已将此事忘到了九霄云外时，律师却找到了景旭枫，交给他1000元，并且邀请景旭枫到他的公司工作，薪水比现在高出1000多元。

景旭枫放弃了自己喜欢的球赛，多做了一点事情，最初的动机不过是出于乐于助人的愿望,也不是金钱上的考虑。景旭枫并没有义务放弃自己的休息时间去帮助他人,但他的这种放弃不仅为自己增加了 1000 元的现金收入,而且为自己带来一项比以前更重要、收入更高的职务。

成功的方向在哪里,不在东,不在西,不在南,不在北,而在每个人的心中。我们以什么样的内心状态来对待工作,工作就会将我们的未来牵引到何处。如果工作中,我们能够不拘泥于本职工作,在时间、精力允许的情况下多做一些职责外的事情,并坚持不懈,相信不久的将来,在我们的人生征程上,一定会迎来簇簇鲜花与阵阵掌声。

工作中多做一点不是坏事,每做一件,它就会让你离成功的距离更近一些。一个人要想让自己的生活比别人更绚丽,人生比别人更辉煌,生命比别人更有价值,就要学会规划自己,充实自己,营造自己,主宰自己的命运。而那些只知道死板地盯着自己工作的人,很难让企业、老板和周围其他人感受到他内心对大家的热和暖。

现在对很多企业来说,其真正需要的不是能人,而是那些本本分分按规章制度做事的人。对于老板来说,除了需要本分人老老实实地按规章制度做事外,还希望他们能够像自己爱企业一样,能多做点力其所能及的分外之事。

当亨利·瑞蒙德在美国《论坛报》做责任编辑时,刚开始他一星期只能挣到 6 美元,但他还是每天平均工作 13 至 14 个小时。往往是整个办公室的人都走了,只有他一个人在工作。后来,经过长期积累,他成为了美国《时代周刊》的总编,每次回想起当初那段日子,他都会说:"为了获得成功的机会,我必须比其他人更扎实地工作。当我的伙伴们在剧院时,我必须在房间里;当他们熟睡时,我必须在学习。"

超越职责,就意味着比企业和老板要求的多一些,超越他们的期望。追求事业成功的人都渴望更多的分外的工作。每一个我们身边的成功人士都是在平凡的基础上,一点一点不断超越而走向成功的。

那么,对于渴望成功的我们来说,有时,你不需要比别人多做许多,只需一点点，就可以从众人中脱颖而出。企业要求我们一天拜访5个客户，我们能否多拜访1个？企业要求我们10天完成的任务，我们能否早完成1天？企业要求我们的产品合格率达到95％，我们能否再多提高1个百分点？要知道，比老板的期望多一点，不仅会带给老板意外的惊喜，还会让你在锻炼自己能力的同时，看到更多属于自己的惊喜。

一点并不是很多，也许只是比平时多接听一个电话，多整理一份报表而已，然而正是这一点的日积月累，就可能使很多人的事业轨迹大不一样。尽职尽责完成自己工作的人，只能算是称职，"多做一点"的人可能就是下一个老板眼中的优秀的员工，可以在企业中发挥更大的能量。

陈润刚开始在新唐文化公司工作时，不过是一名普通编辑，职务很低，而且无论年龄、学历、经验，都很不足。然而现在他却是老板的得力助手、左膀右臂，成了公司的二把手。他之所以能如此快速地升迁，秘密就在于每天比别人多做一点。

他平静而简短地道出了其中缘由："在新唐文化公司工作之初，我就注意到，每天下班后，所有的人都回家了，老板却依然会留在办公室里继续工作到很晚。因此，我决定下班后也留在办公室里。是的，的确没有人要求我这样做，但我认为自己应该留下来，在需要时为他提供一些帮助。"

"工作时老板经常找文件、打印材料，最初这些工作都是他亲自来做。很快，他就发现我随时在等待他的召唤，并且逐渐养成招呼我的习惯……"

那么，老板为什么会养成召唤陈润的习惯呢？因为他主动留在办公室，使老板随时可以看到他，并且诚心诚意为他服务。这样做获得了报酬吗？没有。但是，他获得了更多的机会，最终获得了提升。

职场中，很多人都会有这样的困惑：为什么自己在工作岗位上兢兢业业，把职责范围内的一切工作安排得井井有条，有什么问题也都处理得妥妥当当，但还是没有得到升职加薪的机会呢？作为一名员工，做好自己本职工作本就是应尽的职责和义务,做得好只能说明我们称职,却不能使我们显得比别人优秀。

企业最需要的是什么样的员工,老板会把机会留给什么样的员工?一是对工作负责到底,出了问题敢于担当的人;二就是把企业的事当成自己的事情,主动且心甘情愿多为企业做点事的人。如果我们能够把握住这两点,可以说就已经找对了驶向成功的方向。

第五章

换位思考、有效沟通是驶向成功的润滑剂

　　智商高的人会做事，情商高的会做人，然而，事情做得再好，不会做人，同样做不好工作，难以取得成功。一个真正能在工作中获得成功的员工，不仅是一个会做事的人，还一定是一个懂得换位思考、善于进行有效沟通的高手。

1.

职场"情商"比"智商"更有用

职场中，关于"情商"和"智商"的说法已经相当深入人心，几乎每个人对这两个词都已经耳熟能详，但若细问，什么是情商，什么是智商，两者的区别都有哪些，又都分别指向什么，在我们的日常工作中如何应用它们，恐怕能够将其说清道明的就没有多少人了。

既然说，职场上"情商"比"智商"更有用，那么首先就要搞清楚，这两个词到底是什么意思，有什么区别。唯有如此，我们才能更准确、合理地将其运用到我们的日常工作中，并使其发挥最大的作用。

何为"智商"？简单说，就是一个人的智力商数。智力也叫智能，是人们认识客观事物并运用知识解决实际问题的能力。智力包括多个方面，如观察力、记忆力、想象力、分析判断能力、思维能力、应变能力等。

智商分两种，一种是比率智商，一种是离差智商。比率智商由法国比奈和他的学生所发明，他根据这套测验的结果，将一般人的平均智商定为100，而正常人的智商，根据这套测验，大多在 85 到 115 之间。其计算公式为：智商＝100（心理年龄/生理年龄）。如果某人智龄与实龄相等，他的智商即为 100，表示其智力中等。

为了准确表达一个人的智力水平，智力测量专家提出了离差智商的概念，即用一个人在他的同龄中的个对位置，即通过计算受试者偏离平均值多少个标准差来衡量，这就是离差智商，也称为智商（**IQ**）。其计算公式为：智商＝ 100＋15 标准分数＝100＋15（某人在测试中的实得分数—

人们在测试中取得的平均分数)/该组人群分数的标准差。该方法是目前测试智商的常用方法。

一个人智商的高低取决于7种能力,分别为:观察力、注意力、记忆力、思维力、想象力、分析判断能力、应变能力。观察力是指大脑对事物的观察能力;注意力是指人的心理活动指向和集中于某种事物的能力;记忆力是识记、保持、再认识和重现客观事物所反映的内容和经验的能力;思维力是人脑对客观事物间接的、概括的反映能力;想象力是人在已有形象的基础上,在头脑中创造出新形象的能力;分析判断能力指人对事物进行剖析、分辨、单独进行观察和研究的能力;应变能力指自然人或法人在外界事物发生改变时,所做出的反应,可能是本能的,也可能是经过大量思考过程后所做出的决策。

生物学家认为,人的智商是与生俱来的,其高低取决于先天遗传因素,很难在后天提升,而若想提高一个人的智商,最佳的提升年龄在2周岁前后。然而有一件事我们不能忽视,即就算一个人的智商再高,如果不懂得如何与他人更好地相处,"英雄"有时也很难有用武之地。而如何更好地与人相处则属于情商范畴。也就是说,一个人的智商高,并不意味着其情商也高。

那么,何为"情商"呢?情商主要是指人在情绪、情感、意志、耐受挫折等方面的品质。人与人之间的情商并无明显的先天差别,更多与后天的培养息息相关。离生活越近的东西,人们往往越难以看清楚。相比来说,由于情商离我们的生活太近,以至于我们很晚才发现它的存在和重要性。

情商最早被称为"情绪情感智慧",是由两位美国心理学家于1990年首先提出,然而在当时并没有引起全球范围内的关注,直至1995年,由时任《纽约时报》的科学记者丹尼尔·戈尔曼出版了《情商:为什么情商比智商更重要》一书,才引起全球性的EQ研究与讨论。

那么情商又到底是什么呢?概括地说,它是一种内在动力机制,一方面用来维护一个人的内心的平衡状态,另一方面则是指一个人的定力的强弱,那些情商高的人会理性地控制自我,从而给人以意志刚强的外在印象。

一个情商高的人，会根据外在情况妥善处理身体中的情绪和情感，不会使其溢出理性的牢笼，在人与人的交往中，他懂得如何换位思考，给他人以尊重，而不把自己的情感意志强加于人。另外，其对自我亦有着清醒的认识，乐观、幽默且耐压力强，自信而不自满，能够恰到好处地处理与周围人的关系，所以在人群中非常有人缘和人际吸引力。

然而，那些情商不高的人在与人交往中就表现得相当蹩脚了。一方面，他们由于缺乏自信而目标不明确，很容易受他人影响，对他人的依赖感强；另一方面由于其缺乏坚定的自我意识，则把自尊建立在他人的认同上，与人沟通时经常忽略他人的感受，喜欢抱怨，遇事习惯找借口，抗压能力弱。

从实际应用角度来讲，情商更多运用于自我情绪的控制上。狭隘地说，一个人的自我情绪控制能力越强，其情商就越高。在与人沟通中，谁的情绪自控力强，谁在人际关系处理上就越容易胜出。那么在沟通中，我们如果提高自己的情绪控制能力呢？

对此，美国人曾开玩笑地说："当遇到事情时，理智的孩子让血液进入大脑，能聪明地思考问题；野蛮的孩子让血液进入四肢，大脑空虚，疯狂冲动。"然而事实却是，当我们在压力之下变得过度紧张时，血液的确会离开大脑皮层，于是我们就会举止失常。此时，大脑中动物的本性起了主导作用，使我们像最原始的动物那样行事。

若想更好地控制自我情绪，不让它随意爆发，使我们成为一只好斗的蟋蟀，我们可以采用以下办法来调节自我情绪：一是深呼吸，直至冷静下来。慢慢地、深深地吸气，让气充满整个肺部；二是自言自语，如对自己说："我正在冷静。"或者说："一切都会过去的。"三是采用水疗法，如想发火时到洗手间洗洗脸。

在人与人的交往沟通中，"情商"比"智商"显得更重要，而且随着未来社会的多元化和融合度日益提高，较高的情商将有助于一个人获得成功。如果一个人从小性格孤僻、不易合作，且自卑、脆弱，不能面对挫折，急躁、固执、自负，情绪不稳定，那么就算其智商再高，也很难取得成就。

智商高的人，由于学习能力强，容易在某个专业领域做出杰出成就，成为某个领域的专家。调查表明,许多高智商的人成为专家、学者、教授、法官、律师、记者等,在自己的领域有较高造诣。

智商不高而情商较高的人,学习效率虽然不如高智商者,但是,有时能比高智商者学得更好,成就更大。因为锲而不舍的精神使之勤能补拙。另外,情商是自我和他人情感把握和调节的一种能力,因此,对人际关系的处理有较大关系。

由于有着很好的自我认知,工作中善于积极探索,并从探索中建立起强大的自信心,再加上其对自我情绪的控制力强,抗挫折能力高,而且喜欢与人交往,愿意与他人分享、合作,这些都能使那些情商高的人在职场中获得更多的竞争优势。而这也是为什么说职场中"情商"比"智商"更有用的最好解释了。

2.

你有"表达障碍症"吗?

你有"表达障碍症"吗?当被问及这个问题时,可能很多人会反问,什么叫"表达障碍症"呢?简单来说,就是在与他人沟通时,总是觉得他人不能理解自己,从而未能达成所愿。产生这种感觉的原因,有几种可能,一是觉得自己表达得不到位,每次心里所想的和嘴上所说的总是出现不一致;二是觉得自己已经将意思表达清楚了,但总觉得对方没有听懂,或不能理解自己;三是很多时候很多话根本是自己在沟通之前不想说的,但由于沟通时情绪失控,不能自控,经常说一些情绪过于激烈的话,从而使沟通不能进行下去。

如果一个人在与人沟通时,总是出现这样的问题,那么他就会感觉到自己的成功之路走起来是如此难行,心中所定的目标实现起来是如此难以抵达。而一个人若真的想成功,这一道坎就必须要冲过去,否则驶向成功的车轮就会因缺少润滑剂而难以快速转动、前行。

在职场中,这是一个很普遍的问题。在职场中,员工之间缺乏有效的沟通,往往产生误解和矛盾,同时影响工作效率和上下级、同事之间的关系。

美国著名的汽车之父福特,最初只生产两个缸汽车,现在汽车都到八个缸了。有一天,福特告诉所有科研人员,他说,"现在我要让你们研究生产四个缸的汽车。"

科研人员听了说:"不可能生产。"

"不管可能不可能,你们给我研究就是了。"

研究了一年,科研人员说:"报告老板,四个缸的汽车是不可能生产的。"

福特气恼地说:"你们这些蠢货,让你们研究,你们就继续研究,明年我要的还是四个缸汽车。"

这些人要拿这个饭碗,就只好听话照做。到第二年年底,他们又说:"报告老板,四个缸汽车确实是不可能生产出来的。"

当时,福特真是大发雷霆,说:"你们这些蠢货！猪猡！明年再研制不出四个缸汽车,就把你们炒掉！谁再说不可能,就滚开！让我们一起思考,如何才能生产四个缸的汽车呢？"

这些科研人员心里也很烦,可是没有办法,自己毕竟端老板的饭碗,只有继续。没想到第三个年头不到半年,四个缸汽车就研制出来了。

后来,他问:"不是不可能吗？为什么这半年就研制出来了？"

有个组长说:"报告老板,在原来意识中,我们不相信会生产四个缸的汽车。可是这半年,我们每个人都问自己一个问题:我们如何才能生产四个缸的汽车？"

通过上面的案例可以看出，虽然老福特在与下属沟通上存在问题，但下属们由于过激的情绪反应，在自我心理沟通上也出现了问题。而这一问题：恰恰是导致四个缸的汽车迟迟不能问世的真正原因。

工作中，其实有许多人在和别人沟通时总是自觉不自觉地就只站在自己的立场上，希望别人能够理解自己，认为别人应该听自己的，或者爱用自己的标准去要求别人，而忽略了别人内心的想法，结果却给别人造成"以自我为中心、盛气凌人"等不好的印象。当他人带着这种感觉与我们沟通时，沟通效果怎么会顺畅，而我们又怎么会不产生"表达障碍"的感觉呢？

尤其在一些外来人口多的城市，职场中我们会遇到来自天南地北、各个地方的人，而每个人的用语习惯及处事方法都不一样，难免在沟通上出现这样那样的误区与误解。

职场中，在沟通双方谈话火药味十足而无法再继续的情况下，双方已经陷入了一种作战状态，沟通的目的已经不再是为了互利双赢、解决问题，而是变成了一场要分胜负、论高低的对抗。此时，如果双方还要将对抗进行下去，那么这次沟通的结果必然是两方皆输，没有赢者。

　　河北某大型企业的李董事长是个走动式管理的高手。一天，他到公司去，没想到一开门，看到他所聘请的总经理带着一群员工正围在一起打扑克牌。打得热火朝天，竟然没有注意到他，于是大发雷霆："某总经理，你给我站起来！"

　　那个总经理一看董事长来了，忙说："哎呀，董事长来了，您请坐。"

　　他说："我坐个鬼！我给你年薪几百万，把公司全权交给你负责，你竟带着员工一起打牌？今天可是工作日！礼拜二！"他连骂带训继续说，"你这样做，没良心！"

　　总经理本来想解释一下，一看董事长这般动怒，也急了，满脸通红地说："董事长，你一年给我薪水不假，可是我一年给你创造多少效益呀，我打个牌怎么啦？老子想打，你说怎么样吧？"

他面子上过不去，于是说："某总经理，现在你被开除了。"

总经理说："开除正好，有什么了不起。此地不留爷，自有留爷处！"说着扬长而去。

董事长很生气，也走了，回到家心里很不舒服。他打电话给一个副总，问今天为什么会发生这样的事情。副总说："我正想打电话给您，您今天真的发火太大了，事实上我们今天打牌是早有计划的。"

"怎么回事啊？"

"上个月我们定了一个目标，达成业绩目标，总经理问大家想要什么奖励，我们旅游也经常搞，饭局也经常吃。有人提议如果目标达成，我们在公司找找新感觉，十几个人聚在一起，打升级，打它个热火朝天，通宵达旦，好不好？总经理说：'好啊，不就是打牌嘛，没问题。'上个月目标又达成了，所以总经理兑现打牌的承诺，就这么简单。"

他一听，对自己过激行为有些后悔。

读完这个故事，也许我们会突然明白一个道理，其实很多时候沟通双方本都没有错，但由于沟通方式没有用对，才导致后果一发不可收拾。所以，我们在与人沟通时，为了避免进入作战状态，我们需要做些努力，如尊重我们的沟通对象，当然也要尊重你自己。如果我们的谈话对象公开挑衅自己，那么我们要确保自己回应的方式不会让我们太失态，这样可以避免矛盾激化。

有些人在沟通对象面前表现得过于激烈，还有些人抢着打圆场。我们甚至可能看到双方针锋相对的情况。其实，遇到这样的情况时，我们需要缓和一下自己已经开始变得失去理性的情绪。如果不能自控，就要想办法让沟通暂时终止。

乐观的人会认为，谈话中的每一次分歧都是两个善意人之间的误解，而悲观的人或许认为意见分歧实际上是一种恶意的攻击。在沟通遇到阻碍的情况下，我们往往忘记其实我们不必去猜测任何人的意图，只要清楚自己的意图就好。而且还要敢于大胆地承认自己不知道的东西,这会让你们之间的沟通回到正轨。

沟通是双向的,但在实际工作中经常会出现一种现象,即一个瞎子同一个聋子的沟通景象,尽管瞎子讲得满头大汗,口干舌燥,可是对方却是无动于衷。为什么会出现这样的情况呢,不是因为自己的沟通能力不行,而是因为这种沟通是单向的。要知道沟通一定是双向的,而且是双方共同的意愿,这样才可能实现双赢。

当沟通出现问题时,如果我们总是习惯性地将问题原因指向对方,而从不从自己身上找原因,那么即使一个人再能言善辩,也总是会因沟通障碍而怀疑自己是否有表达障碍症。其实,我们问自己什么样的问题,决定我们会有一个什么样的人生。

3.

人际沟通,助你"前程无忧"

良好的人际沟通可以为我们的成功插上一对美丽的翅膀。据统计,一个人事业上的成功,只有 10%—20% 是由他的专业技术决定的,另外的 80% 要靠人际关系和处世技巧。也许你是世界上最聪明的人,但如果你不能使自己的想法准确传达出去,那么你就不会被别人认可。

一个人要想成功,就必须让自己具备良好的人际沟通能力,并使其成为自己获得成功的一项重要资源。很多事实证明,生活中,无论我们想要得到什么,我们的成功很大程度上都取决于我们与某些人的关系。

在现如今这个社会,没有人是可以自给自足的,我们每个人都需要他人提供帮助。没有他人的帮助,我们很难取得成功。学会了如何与他人相处，我们就成功了一大半。如果我们不懂如何与人相处，尤其是不懂尊重他人，那么我们接下来面对的一定也是不会被尊重。

英国航空公司曾经处理过一件旅客抱怨事件。

在一班由伦敦起飞的班机上，有一位财大气粗的中年女士，被安排坐在一名黑人旁边。她发现之后大为不满，马上把空服员找来，并且大声地抱怨："我付了钱是来享受这一趟舒适的飞行，你们却把我安排在这儿，我可受不了坐在这种地方，给我换个位子！"

"很抱歉，女士。"空服员回答，"今天的班机客满，但是为了您的需求，我可以帮您查查看还有没有空位。"

几分钟后，空服员带着好消息回来了。

"女士，很抱歉，经济舱已经客满了，我也向机长报告了这个特殊的情况，目前只剩头等舱还有一个空位……"

中年妇女非常得意地看着四周的乘客，起身准备移往头等舱。

不等那名女士说话，空服员接着又说："在这种情况下将乘客提升到头等舱，是我们从未遇见的状况。但我已经获得机长的许可，他认为要一名乘客和一个让她厌恶的人同坐，真是太不合情理了。"

此时，空服员微笑着对那名黑人说："先生，如果您不介意的话，我们已经为您准备好头等舱的位置，请您移驾过去。"

周围的乘客起立热烈地鼓掌，中年妇女羞愧地低下了头。

一个真正的成功人士不仅需靠金钱支撑门面，也许他更看重的是自己的修养和素质。请看一下我们所知道的那些真正的成功者，是否无一例外地都具有较强的人际交往能力。而那些最有影响力的人，往往正是那些相信他人对自己很重要的人。很多自认成功的人为什么最后却失败了？因为他们很多都是在人际交往犯下了不可饶恕的错误。

一个人一旦具有了良好的人际沟通能力,其前程自不必担忧。而良好的人际沟通是指能够真正理解别人,即清楚地知道是什么促使对方的行为发生,对方内心是如何想的,如何与对方合作等。

无论是金钱上,还是情感认知上,人与人之间的交往一定是互利的,否则相互之间的关系就不可能持久。但是,如果我们并不真正理解对方,我们就无法知道他们是怎么想的,都需要什么,所以我们自然就不能满足他们的需求。

一个人若想有良好的人际沟通,尊重对方是一个重要前提,也是一个人获得成功的重要保障。懂得尊重他人,我们才会得到他人的尊重。如果故意伤害他人的自尊心,一定会遭到对方的反击。

心理学家研究发现,每一个人的内心其实都是很敏感、很脆弱的,无论是年轻人还是年长者都是如此。在与人相处时,每一个善意的小礼节所反映的都是我们对对方的尊重,而透过我们的尊重表达的是对方对我们很重要。所以,在与人沟通时,即使我们一个小小的不礼貌的举动、不友好的言行都会招来很大的麻烦,因为这些行为表示我们在轻视对方。

如果我们要想表达对对方的尊重,在与人沟通时,就不应该轻易打断对方的讲话;对方在说话时,我们应该保持注意力集中;在与人谈论事情时,尽量不与对方发生针锋相对的争辩;与人约会,要按时赴约,沟通中不要遗忘一些必要的礼貌细节。

工作中,我们经常会看到这样的场景,一些人喜欢炫耀、吹牛,显示自己,在他人看来,这无疑是要证明自己多么优秀、多么重要、多么强大。然而其在表明自己比其他人好时就忘记了,那样做无疑是在压低对方。所以,对于这样的人,大家会尽量避开他,与其保持适当的距离。

人是有情绪的,而且人们的情绪总是在不断变化。另外,人还有各种偏见,不同的动机,不同的个性,不同的需求,不同的欲望和不同的风格。具有良好人际沟通能力的人,无论与什么样的人沟通,他们往往都会很好地把持自己的情绪,不让自己情绪失控。因为他们知道,不理性的情绪是造成沟通失败的一个重要原因。

具有良好沟通能力的人,在与其他人打交道时是个明白人,知道双方心里都希望得到什么好处，无论是情感的收益或物质上的利益，无论是现在还是将来某个时候，他都能做到洞若观火。

人际交往中，我们的态度和行动会在别人那里得到类似的反应。与其他人打交道时，我们会看到我们自己的态度反映在他们的行为中。这几乎像你站在镜子前一样，我们微笑；别人也会对我们微笑；我们愤怒，别人也会愤怒。所以，如果我们希望别人尊重自己，我们就要先尊重别人。

不与领导沟通，领导不知道你在干什么，更不知道你在想什么，即使领导通过其他渠道了解你的工作方向，但是通过别人的转述，可能就存在了与事实不符的地方，甚至可能让领导对你产生误解。所以，即使你干了不少工作，你的确有很多好的想法，但是总止于己，得不到领导的帮助和支持，局限了你的能力发挥，工作的效果当然会大打折扣。

4.

换位思考是人与人沟通的最佳润滑剂

记得一次回家，父亲讲了他经历的一件事：那次父亲去商店，走在前面的年轻女士推开沉重的大门，一直等到他进去后才松手。父亲向她道谢，女士说："我爸爸和您的年纪差不多，我只是希望他这个时候，也有人为他开门。"

我虽然没有见过那位女士，但伴着心中掠过的阵阵温暖，她的音容笑貌却已跃然眼前。我想这一定是个把人生经营得很好的女人，依据只有一个，因为她懂得换位思考。

遇事懂得换位思考的人，情商一定低不了。而所谓的换位思考就是遇事不是一味地从自我角度出发，而是懂得换个角度看问题，设身处地地站在别人的角度为别人着想。尤其在职场中,遇到问题是常有的事,如果在与人沟通时不懂得换位思考,很多小问题到最后也会演化成不可收拾的大问题。

所以,对在职场中实现自我价值、获得成功的人来说,要想让自己更上一个境界,就不能只顾岗位技能,因为技术高超固然重要,但仅有高超的技术并不能说明我们就是一个职场高手。除非我们能掌控人与人之间的沟通技巧,可以在人际关系中游刃有余。

很多时候,在工作中碰到问题后,我们都会有点迷惘,如果我们凭借自己的观点和思维来解决问题,则容易让自己吃更多的苦、碰更多的壁,而且常常还不能解决实际问题。若是我们遇事会站在他人的角度考虑,很多看似不可调和的矛盾也许就会迎刃而解。

生活当中,我们经常有机会看到两个人为了一件事情争得面红耳赤,你来我往,互不相让,大有不分高低誓不罢休之势。工作中更是如此,两个人为了一件小事非要分清谁是谁非,非要证明孰对孰错,完全忘记了自己的行为是否妨碍了其他员工的工作,是否中断了业务流程,给公司造成损失。

工作中出现问题后,在界定责任的时候,大家往往喜欢归罪于外因、他人,从而将自己的责任推卸得一干二净。问题的关键是,其他人也不是吃素的,于是就出现了大家相互指责,没有人查找问题的根源到底出在何处。争论的结果往往是原因没找到,问题没有解决。

工作中只要出现问题,自然就会牵涉到责任划分。没有责任的人会极力为自己辩解,而即便有责任的人也不会心甘情愿地承认。如此一来,人们在工作中就会产生摩擦,就会在责任的认定上纠缠不休,搞僵人际关系。

其实,当问题出现的时候,如果每个人都能够多从自身找找原因,说不定问题真的就出在自己身上,自己因为过分自信而开罪人家。自己找到了原因,大事化小,小事化了,就避免了被人抓住不放的尴尬,也不至于造成什么名誉上的损失。

另外,除了同事间、各部门间容易出现沟通障碍外,下属与领导之间也常常发生沟通不畅的情况。有统计显示，在职场中有 30.43％ 的人与领导关系很好，容易沟通；57.97％ 的人与领导关系一般；10.14％ 的人与领导关系不好，经常背后抱怨；1.45％ 的人与领导经常有冲突。那么，员工与领导冲突的原因何在呢？

第一个原因是，在现实层面，员工和领导的位置是存在等级之分的，其经济利益难免会有冲突，这在任何时代都难以完全避免。第二个原因是，沟通不畅。职场人士都渴望与领导建立良好的关系，而员工与上司之间存在的最常见的障碍就是缺少沟通，员工不好意思沟通、不敢沟通、不知道如何沟通等。

还有一个原因跟我们不懂得换位思考有关。心理学家认为，每个人都会有不同程度的自恋，或称自爱，以自我为中心，在潜意识中会假设和要求别人就是"应该"理解自己，"应该"为自己服务，而容易忽略对方也是一个独立的人，有自己独立的感受和需要。

周志刚是国内美术院校毕业的服装设计师，毕业后进入一家服装设计公司工作。刚开始，主管就安排他拿着自己设计的草图亲自去拜见客户，恰好他所拜见的几个客户都是一些服装行业里的高级设计师，虽然这些客户从来没有拒绝见他，但也从来没有认可他所设计的这些草图。

经过许多次的失败后，周志刚觉得一定是自己的方法有问题，所以他决定每星期利用一个晚上的时间去学习一些与人打交道的知识。后来，他从一本书中看到了这样一句话："尝试着从他人的角度出发来解决问题"。之后，他有所领悟地带着新的草图出发了。

这些草图都是没有完全完工的图样，他拿着这些草图分别拜见了这些设计师。"我想请你帮我一点忙，这里有几张尚未设计完成的图样，请你告诉我，如何把它完成，才能适合你的需要？"

这些设计师一言不发地看了一下草图，然后说："把这些草图留在这里,过几天你再来找我。"3 天后,他回去找设计师,分别听取了他们的意见,然后把草图带回工作室,按照设计师的意见认真完成。

周志刚说:"我原来一直想要让他们买我提供的东西,这是不对的。后来他们提供意见,他们就成了设计人,结果就都分别认可了这些草图。"

有时候,很多问题不是不能解决,而是我们忘记了换位思考,忘了站在对方的角度考虑问题了。对于普通职场人士来讲,技术技能难度不大,通过专业学习基本上可以自主掌握,即便有欠缺,也可以在很短的时间内补足。而与人沟通时习惯性地换位思考就不是那么简单了。相对于技术技能,换位思考对人的要求更高,修炼提升需要的时间更长。那么,在职场中,我们应该如何提高自己与他人尤其是领导的沟通能力,将各种人际问题化解于无形呢?

第一个办法是,无论在任何企业,我们都应该尝试接受与领导存在等级高低的现实。比尔·盖茨曾说:"人生是不公平的,习惯去接受它吧。"所以,对人生的不完美应采取顺其自然的态度,把更多精力投入自己能做好的事情上,高质量履行自己的职责。对一名员工来说,完成工作任务才是与上司、领导建立良好关系的前提。至于那些通过消极怠工的方式来反抗领导的人,这一做法并不明智,而且还容易和领导的关系进一步恶化。

第二个办法是,凡事多沟通,加强与领导之间的相互理解,减少可能的误解,在工作中要善于把自己的强项表现出来,让领导知道自己有这个能力去很好地完成任务,从而让自己的能力得到其肯定。所以,当我们与领导发生沟通不畅时,我们应该记住一点,他们不是高不可攀的,有事情多和领导谈谈,他们会理解自己的。

第三个办法是,换位思考,凡事不要总想着自己的感受,要能理解领导的苦衷,而不是遇到什么事首先就抱怨领导的不对。而且情商高的人还懂得在领导理亏时给他留个台阶,而不会当众纠正领导的错误。

第四个办法是，要相信天下乌鸦一般黑。如果我们在这里跟领导处理不好关系，也许换个企业更不能与其处理好关系。因为很多问题不一定都是领导的错，只是我们主观地将所有责任都归咎于了他们。所以，不要仅仅因为和领导关系不好而轻易跳槽，在跳槽前我们需要反思一下，自己的哪些认知和行为方式导致了目前的困境，会不会到了新单位，又遇到同样的问题。作为一个想成功的人来说，养成自查自省的良好工作习惯，会让我们受益一生。

5.

成为沟通高手，你就是团队领袖

在人际沟通中，最大的误区就是，过于自负，认为天下之大、唯我有才，与人相处、势难两立；还有一些人喜欢逆来顺受、息事宁人，最后反落得丧失尊严；最后是八面玲珑、巧舌如簧，见风使舵、没有原则。

一个职场沟通高手清楚地知道这些沟通误区的危害，他们所以能在所在企业拥有超高人气，大家都视其为朋友，愿意相信他，领导们愿意对其委以重任，其靠的就是恰到好处地处世为人和对各种沟通技巧的精通熟练运用。炉火纯青的沟通功夫，使得他能够在职场扶摇直上，获得了一个又一个可以充分展示自己的舞台。

不过在职场中，最常见的还是一些年轻的新员工，由于没有掌控沟通的方法和诀窍，经常对自己的领导不感冒，老觉得他跟自己过不去，以致双方势如水火，一方恨不得马上将其辞退，另一方则随时做好了跳槽的准备。双方沟通一旦陷入不可逆转的情势下，最后的决裂就会随之到来。

　　张斌在一家服装公司上班还不到三个月，就已经做好了跳槽的准备，因为他老觉得他的上司处处刁难他，让他感到很不自在：整天批评他，说话很是尖刻，一点情面也不给。他不认为是这家公司的企业文化郁闷或者领导管理严格，而是领导看不上自己导致的。

　　其实这样的问题很大程度上是出在新员工们自己身上，跟其在学校养成的吊儿郎当的生活习惯有关。在学校，父母管不着，老师又不爱管，使我们多少养成自由散漫和不喜欢别人管束的习气。毕业后，由于职业角色未能及时转变，旧习惯依然影响着进入职场后的自己，所以每次面对领导的监管时总觉得不舒服。

　　在这个社会，没有约束的工作是不存在的，只要我们在他人企业上班，就会有一个自己的领导，有一个顶头上司。其实，就算我们自己独立创业了也一样会有工商、税务来监督。作为你的领导，不管他是基础管理者还是中高层，监督你是他的职责，不管他的岗位职责上有没有写这一条，都是如此。

　　作为部门基层管理人员，除了领导本部门员工完成本部门的工作任务外，还有一个重要职责：培养新人。而他要想培养新人，自然而然就需要指导和监督下属的工作。因此，他们在工作中对下属进行监督，并不是他们个人的好恶，而是一种组织行为。

　　当然，有的领导工作方法的确比较简单，让一些职场新人觉得自己总是被一双眼睛紧盯着，没有一点信任感。对于这一点，我们必须接受现实，并非每一个领导都是十全十美的。就算其方式方法过于直接，有时说话过火一点，但其本意并不都是我们所想象的故意刁难自己。所以，如果我们要想成功，想成为沟通高手，就必须首先学会忍耐，学会换位思考。

　　还有一些职场新人，由于不能正确地认识自己，总以为自己比领导强。当然，在现代职场上谁也不能排除这种妒贤嫉能的现象存在，但在一个正常发展的企业里，不太有可能存在那种无才又无德的管理人员，毕竟老板的眼睛是雪亮的，他不会容忍这种人占据企业管理的重要位置。

　　每个人都有选择企业的权力，但却没有选择自己上司和领导的权力。所以很多时候，对于很多职场新人来说，最重要的不是如何练习与人沟通的技巧，而是首先要学会调整自己的心态，不要总与同事、领导出现对立抵触情绪。想要成为沟通高手，想要获得提拔，这一关是每一个新员工都绕不过去的坎儿。

　　工作中，由于很多人缺乏沟通意识，没有养成主动与领导沟通的习惯，总是被动地等、靠领导帮助自己，这也是工作业绩迟迟上不去的一个原因。没有养成主动沟通的习惯，很多问题就不能及时处理、解决，效率自然提不高。另外，不经常与领导沟通，领导就不可能有更多时间和精力来主动了解、认识自己。而这也是挡在很多人成功道路上的一个关卡，冲不过去，只能平庸。

　　其实领导的工作非常多，非常忙，作为下属也不必事无巨细，事事汇报。与领导沟通的问题有两个核心要把握，一是我们的问题是否有利于团队整理利益，二是我们的问题是否非领导帮自己解决不可。

　　如果说和领导沟通是帮助自己创造条件，那么与同事和手下的有效沟通就是顺利完成工作的保证。如果我们也是一个不大不小的管理人员，就有必要通过沟通去了解自己的下属在想什么，需要什么，他们的特点是什么，这样在安排工作的时候，我们才能有的放矢。

　　成为沟通高手，你就是下一个团队领袖。然而，领导和下属站的位置不同，思考的角度不同，对于问题的解决方式就更是不同。而在工作中经常看到的现象就是，下属抱怨领导不公平，领导觉得下属不认真。如果矛盾不能及时解决，就会产生激化。而那些能够通过沟通，将这些问题化解于无形的人，无疑已经具备了当团队领袖的资质。

　　作为一个有很强沟通能力的领导，他能够及时发现员工的情绪，了解其背后的真实动机。由于懂得自省自查，当他们觉得是自己的责任时，会马上改正，如果只是员工个人的私人情绪，并且不利于整个团队利益，他们会及时妥善处理，以防止不良后果产生。

　　恰到好处的沟通是握在每一个优秀领导手中的一把利器，正是因为有了这把利器，他才能一路过关斩将，赢得属于自己的职业成功。所以，如果我们也想实现自己的成功,就应该意识到沟通的重要性,并刻苦练习自己与人沟通的方法与技巧。

每一个求职者可能都会有这样的经历,在人才网站上或人才市场投简历的时候,几乎在每一个招聘职位要求中,"善于沟通"都是必不可少的一条。大多数企业都希望招聘沟通能力出色的员工,能否与同事、上司、客户顺畅地沟通,越来越成为企业招聘时注重的核心技能。那么,怎样才能成为一位沟通高手?

很多人一提起沟通就认为是能言善辩,无理也能辩出三分理。其实,职场沟通既包括如何发表自己的观点,也包括怎样倾听他人的意见。对于那些涉入职场江湖不久的新员工来说,在工作中与人沟通时要注意把握三个原则:

(1)及时沟通

不管我们性格内向还是外向,是否喜欢与他人分享,在工作中,时常注意沟通总比不沟通要好上许多。虽然不同文化的企业在沟通上的风格可能有所不同,但性格外向、善于与他人交流的员工总是更受欢迎。所以,我们要利用一切机会与领导、同事交流,在合适的时机说出自己的观点和想法。

(2)顺应风格

不同的企业文化、不同的管理制度、不同的业务部门,沟通风格都会有所不同。所以,沟通时我们要注意观察团队中同事间的沟通风格,留心大家表达观点的方式。假如大家都是开诚布公,我们也不妨有话就直说;倘若大家都喜欢含蓄委婉,我们就要注意一下自己的说话方式了。

(3)找准立场

如果我们刚到一家企业不久,那么在表达自己的想法时,应该尽量采用低调、迂回的方式。特别是当我们的观点与其他同事有冲突时,要充分考虑到对方的权威性,充分尊重他人的意见。同时,表达自己的观点时不要过于强调自我,应该更多地站在对方的立场考虑问题。

6.

善用他人之长，为自己找对成功的方法

美国钢铁大王安德鲁·卡耐基的墓志铭："这里长眠之人，善用强于自己之人。"作为一名优秀的企业管理人员，要想带领好自己的团队，也要善于管人、用人，而管人的真理只有四个字：用人之长。想用人之长，先要具备用人之长的心态。

用人之长的第一个要点，是"见人之长"。用人不要看他有什么缺点，而是看他能做什么。才干越高的人，其缺点往往也越明显。但是我们可以设计一个组织，使人的缺点不致影响其工作和成就。

用人之长的第二个要点是"识人之异"。管理咨询师马库斯·白金汉说："发现每个人的与众不同之处，并加以利用。"让合适的人干合适的事情，是一个优秀管理者最重要的工作。由于每个人的长处各有不同，作为企业管理者对员工要区别对待，在用人上，包括激励、奖励、提拔等都应该为其量身定做。

很多时候，我们的困惑是，很难看清一个人的优点是什么，缺点在哪里。而一个人若想成为一名优秀的管理者，一项重要修炼，就是让自己越来越准确地看清自己和别人的优缺点。只有认清他们各自的优缺点，才能把合适的人放在合适的位置上，才能把一个人的潜力发挥得淋漓尽致。

有一个管理顾问，在第一任领导管他的时候很能干，为公司拉到了许多单子，也因此很受同事的尊重。后来，领导换了。

第二任领导认为这个人不是一个合格的顾问，因为他从来没有做出过一个像样的顾问报告来，他不会做分析，不会把分析的结果清晰地表现出来。所以，第二个领导不再让这个人去做销售工作，而是逼迫这个人把一个项目报告做出来，以便锻炼他。

最后，这个擅长销售的顾问做的报告没有人认为有多大价值，客户绝对不满意，他自己也不满意，当然他的领导更是不满意。这个人觉得自己在公司里变得不受人尊重了，因此情绪越来越低落。最后，他悄悄地离开了这家公司。

善于用人的领导者，总是针对人的领域特长安排适宜的工作，分派适合的任务，以发挥人的特长优势。在这个故事中，两个管理者之间唯一的差异就是用人的角度。第一个管理者的优点是他关注并且利用一个人的优点。第二个管理者的错误是他只关注一个人的缺点，而不想方设法让其把自己的优点发挥出来。相比来说，第一个管理者似乎并没有做什么，却有好的结果；第二个管理者做了许多事情，却没有得到任何好结果。

还有一个关于蔡楠的故事。他在一家建筑公司上班，刚到那家公司上班不久，就碰上了一个难题。有一个员工是董事夫人介绍过来的，为人比较愚笨一些，整天什么话都不说，老实巴交的。在工作上虽然很遵守时间并忠于职守，但由于不爱讲话，也不会请教别人，工作总是完成得不好。

因为他是个关系户，所以不能随便炒掉。可为了安排他，蔡楠是伤透了脑筋：让他在公司闲着吧，还要照发工资，别的员工肯定有意见；给他工作吧，整天一句话没有，什么也干不好。

慢慢地，蔡楠对他完全丧失了信心。幸运的是，不久，公司在建工地仓库需要有人去看管，但由于工作太枯燥，谁也不愿意去。原先看管的人耐不住寂寞经常跑出去聊天，后来还主动提出来不做了。

于是，出于无奈，只好派他前往。原本是黔驴之技，但事情就是这么凑巧，没想到他在这个岗位上干得出人意料地好。

一名优秀的管理者，首先要学会把人才安排在合适的位置上，其次是用熟练的管理技巧和严格的规章制度发挥他们的长处，避开其短处。对那些初做管理者的员工来说，真正懂得"用人之长，容人之短"并非一朝一夕之功，毕竟纸上得来终觉浅，也许只有自己经历了这样的事之后，才能真正理解其中的奥妙与智慧。

企业里有三种人，第一种是安分守己的人，第二种是谨小慎微的人，第三种是干事的人。一个成功的领导应该如何对待企业里的三种人呢？对第一种人应给他们以充分的关心爱护；对第二种人要对他们加以充分的信任，使他们减少害怕心理，尽量使他们变为"安分守己的人"或"干事的人"；对第三种人应该通过一些合适的方法使他们把全部能力用于为领导、为企业服务上。

一个篱笆三个桩，一个优秀的管理者也应该拥有至少一名得力助手。有了得力的助手，他就更能够游刃有余地处理工作中更重要和紧急的事情了。但是，在严酷的市场竞争中，有时也会出现助手变成对手的可怕的暗流。所以，这就要求管理者在选择自己的助手时，要仔细考察对方的品行如何；其次是一旦选定了自己的助手，就要像老师对徒弟一样倍加爱护、严加指导，并且用之不疑，大胆地让其行使自己的权力；最后，是要经常与助手进行感情沟通，俗话说，士为知己者死，管理者适时的关心、发自内心的欣赏和爱护、真诚的赞美与尊重会使其与助手形成一种亲密的战友关系。

作为管理者，对下属进行合理地授权是一门大学问。对于能耐不小、狂妄自大、不太听话的"孙悟空式"下属，要恩威并用，平时多委以重任，经常鼓励并与之沟通；但一旦犯了错误，应该严厉批评，把话说透，但同时也要暗留余地和面子，一般不要当众批评。

下属中，对那些有一定业务能力，但总是"成事不足、败事有余、毫不利人、专门利己"的"猪八戒式"员工，与其沟通的重点是，在交给他们任务后，一定要明确告诉他们，自己会准时进行质量检查，如果精力允许也可以在过程中予以监督和批评。

对那些工作很踏实又有点缺乏自信的员工，我们可以选择将熟练或流程清晰的工作交给他,并在其工作顺利完成时给予他鼓励,使之逐步树立自信。而对那些热情高、不信邪,往往能够从新的角度提出和处理问题的新员工来说,应格外予以关照,给予鼓励,给予指导。

作为一个成功的管理者,其成功的方法一定不是让自己每天像诸葛亮一样,事无巨细,事必躬亲,而是熟练掌控用人之道,通过自己驾重就轻的熟练沟通技巧和方式,借用他人之长来做最适合他们的事情。所以,一个管理者的成功,更重要地表现为其能看准人,让不同的人做最适合他们自己的事情。下属们越能人尽其才,才尽其用,管理者才越能更成功。

第六章
忠于企业、感恩老板是驶向成功的直通车

　　成功的方法和途径很多,最简单的方法是忠于企业,最简单的途径是感恩老板。一个心怀感恩的员工,必定能成为伯乐眼中的千里马,而一个对企业忠诚的员工,成功更会垂青于他。让感恩唤醒你身体里沉睡的潜能吧,你会发现自己的智慧和才能在磨砺中得到倍增,成功的距离也越来越近!让忠诚守护你的心灵吧,你会经受得起走向成功的任何考验!

1.

站好自己的岗，做好自己的事

一个成功学家说："如果你是忠诚的，你就是成功的"。作为一名员工，你的忠诚对于企业来说是一笔巨大的财富，对你自己而言，就是你成功的通行证。要想拿到这张通行证，首先要站好自己的岗，做好自己的事，做一个忠于自己的工作的合格员工。那么，无论走到哪里，你都是老板和企业最需要的员工。

一个连自己的工作都做不好的员工，一个连自己的岗位都不能坚守的员工，无论他多么优秀，都不可能获得成功。忠诚不仅仅表现在企业遇到困难和危机之时，更体现在日常工作的点点滴滴之中。如果你平时工作不认真负责，却总是等待机会表现你的忠诚，以期得到老板的重用和认可，那么只能告诉你，你的做法是多么愚蠢，多么可笑。因为你平常的工作表现已经为自己贴上了"不忠诚"的标贴。

一个真正有着忠诚的品德的员工，不管有没有利益可图、有没有功劳可得，只要是自己的工作，都会认真负责到底，而且以高度的爱岗敬业精神，将工作做出成效，为企业的发展把好关、守好节。

郑羽洁是盛鑫公司的前台接待员。她背下了公司电话联系表的所有电话，所以接到客户的电话，她的回答不会像其他接待员那样要等上六七秒钟，甚至更多，而是问不倒，答得快，一秒也不耽搁。

她对自己的言行举止也非常谨慎,不该说的一句都不多说,不该问的一句也不会多问,还有那些文件资料等,她一般都是随看随拿随收随放。尤其是经理叫她整理资料时,哪怕是离开一分钟时间,她也会先将资料反盖着放进抽屉,然后上上锁。

有一天,公司来了几个参观的客户,郑洁安排他们在大厅的休息区等待,并给他们倒好茶水。这几位客户是第一次来公司,饶有兴趣地走到前台翻看起接待员桌上的东西来,郑羽洁礼貌地说:"如果可以的话,请到休息稍候,我可以简单介绍一下我们公司。"

客户听她这样说乐呵呵地回到了休息区,郑羽洁用了 10 分钟时间,认真介绍了公司的发展历程、内部结构、部门职能以及近几年的销售业绩和荣誉称号等,中间还穿插了一些小故事,听得客户连连点头,非常入神。

听完郑羽洁的介绍,客户感到相当诧异,向前来接待的市场部经理夸赞道:"贵公司真是了不起啊,一个前台接待员都对公司的业务如此了解,说明贵公司实力非常坚实啊。我们心里也有数了,非常有信心搞好这次合作!"

事后,经理问郑羽洁是如何做到的,郑羽洁说:"每次公司开会,我都会认真记录会议内容,并分门别类整理好,放进自己的脑子里。"这真是让经理对她有些刮目相看了,他没想到一个前台接待员也能对工作这么认真负责,还对自己的工作起来了很大的帮助。

为了避免上卫生间耽搁或漏掉电话,她每天都很少喝水以减少上厕所的次数。在她看来,万一哪天因为上卫生间错过了某个重要电话,而这个电话是关于重大项目的,肯定会给公司带来巨大的损失。

除此之外,前台的清洁卫生,她从不要清洁工打扫,都是自己打扫,因为她担心万一记有重要电话记录的便笺纸掉到地上,或散落在桌子上,被当成垃圾扔了,会造成无法弥补的过错。

很快，郑羽洁做的很多维护公司利益的事情，及认真负责的工作态度，得到了老板的赏识，受到了大家的好评。郑羽洁不仅仅年年被评为优秀员工，还被提拔成为公司的行政部经理。

工作虽有岗位之分，但没有责任之分。对自己的岗位忠诚，是每一个工作人员都应该做的，每一个人都应该为企业的共同利益做自己该做之事。一个不为利益所动、选择忠诚的人，不仅不会失去机会，相反，会有更多的机会垂青于他，因为每个企业都需要这样忠诚的员工，这样的人一定能够取得事业的成功。

忠诚是一个人的立身之本，尤其是对企业的员工来说，要想在企业立足，要想在职场取得成功，必须有忠诚的品德。如若丢失了忠诚的品德，你丢失的是自己的灵魂，同时也是对自己品行和操守的最大亵渎。

李卓是方经理的秘书，她勤快大方，对待工作有条不紊，对方经理的工作起到了很大的协助作用，因此深得方经理的信任和欣赏。

李卓虽然如此出色，但很少得到方经理的夸奖，在方经理看来，工资福利待遇的增长就是最好的表扬。

可是年轻的李卓却不这样认为，在家里她乖巧伶俐，是父母的心肝宝贝，是众人眼中的乖乖女；在学校里，她是品学兼优的好学生，她是在鲜花和夸赞声中长大的，她的身边不乏赞誉。

但是，工作以来，无论她对工作多么认真负责、多么勤奋努力、做出了多好的工作成绩，方经理从来没有夸奖过她，而且总是一脸严肃、一本正经的样子。久而久之，李卓对方经理越来越不满。

随着时间向前推，李卓熟悉了致电来访的每一位老板。尤其是程经理，她几乎一听声音就知道是程经理。因为程经理每次来电，都要夸奖她。不是说她聪明能干，就是说方经理有了她真是如虎添翼之类的话，让她大为受用。

有一次，程经理半开玩笑地说："你如果能为我工作，我就心满意足了。"之后的几天，李卓一直谨记着程经理的话，而且觉得自己终于遇见伯乐了。

终于在此之后的一个月，李卓毅然向方经理辞职，然后拎着行李走了。方经理却不知她做得好好的，为何突然要辞职，而且留都留不住。

李卓来到了程经理的公司，表明想为程经理工作。可是出乎意料的是，程经理拒绝了，他说："不是我言而无信，而是你对工作、对老板的忠诚度不够。平常方经理待你不薄，为了一句玩笑话和几句赞美，你就当了真，而且因此离开了方经理，我实在是接受不了。"

李卓尴尬地站在那里，她没有想到自己最后落得个这样的下场。此时此刻，她悔恨交加，走出程经理的公司，她看着前面的十字路口感到非常渺茫。

站好自己的岗，做好自己的事，本来是员工的职责和分内之事。李卓仅仅因为方经理没有表扬她，而程经理只是夸了她几句，说了一句玩笑话，她就当了真，居然跑去投靠他，这是对老板的不忠诚，谁能证她不会对程经理也这样呢？

另外，她没有对方经理那边的工作做任何交待，也没有任何征兆，说不干就不干了，这是对工作的不忠诚。李卓的行为造成的结果是搬起石头砸了自己的脚，最终受伤害的还是她自己！

由此可见，员工的忠诚，不仅要警惕物质利诱，还要抵御精神诱惑，才能真正做到忠于职守，才能持之以恒地做好自己的事，在工作中不焦不躁，才能在职场长足发展，稳步前行。

忠诚于自己的岗位，忠诚于自己的工作，不仅会让一个人获得更多的成功机会，更重要的是它使一个人获得了弥足珍贵的美德。在任何时候、任何企业，美德不仅不会贬值，而且永远增值。

如果你渴望成功，那就立足于本职工作，保持忠诚的美德，让它成为你工作的一个准则，并在此基础上逐步培养正确的道德观，发扬真正的好品格，相信，总有一天，你会在企业收获成功的果实！

2.

感恩之心是做好工作的精神源泉

我们拥有一份工作，就应该懂得感恩。如果你能每一天怀着一颗感恩之心去工作，那么内心就会充满动力和激情，工作就会充满快乐。干起活来，也不会觉得累、觉得烦了，这样的情形下，必定能做出事半功倍的工作业绩。如果是这样，你离成功还会远吗？你还用担心成功太难吗？

如果你懂得"滴水之恩，涌泉相报"，以感恩之心来回馈那些给予你帮助和支持的人，你得到的将是越来越多的帮助和支持。尤其是在工作中，如果我们怀着感恩之心对待工作，我们得到的将是越来越多成功的机会。感恩，不仅是一种良好的职业心态，还是职场成功的重要砝码。

谈见明是一名电脑编程员，他一直觉得编程是项复杂而枯燥无味的工作，有时一天干下来，头昏脑涨，尤其是遇到棘手的问题，他有时恨不得把电脑都砸了。

自从进了新的电脑公司，工作比以前轻松多了，他也觉得每天都充满了活力和动力，而且越干越觉得有意思。

有一次，在工作上他又遇到了一个难题，加上他初来乍到心理压力本身就大，内心的焦急让他连饭都吃不下，一直坐在电脑面前焦头烂额地查找着原因。

这时，有个同事主动过来帮助他，同事一句提醒的话使他茅塞顿开,很快就找到了原因所在,并解决了问题,不仅很快完成了任务,而且还增长了不少知识。

谈见明对同事充满了感激之情,要请这位同事喝酒。同事笑着说:"同事之间相互帮助是应该的。我相信,有一天,我遇到了困难,你也会帮助我的。"

同事还说:"你刚来,还没有完全感受到团结互助的氛围。时长久了你就会发现,在咱们公司,同事之间都会相互帮助的。"

后来,谈见明的工作又遇到了其他问题和困难,都得到了同事的帮助,这使他的技术得到了很大的提升,而且增长了不少专业知识。

渐渐地,他也放开了心中的顾虑,积极主动帮助身边的同事。在公司里,谈见明与同事之间的关系越来越融洽,工作上也取得了很大的成绩。他的才能受到了老板的关注和重视。

一年后,谈见明被老板提升为编程部主管,并且获得去国外学习的机会。从国外学习回来后,他为公司的发展作出了重大贡献,成为公司最高端的人才之一。

很多朋友都羡慕他的运气好。他很有感触地说:"其实不是我的运气好,是一种感恩的心态改变了我的人生。我的同事帮助了我很多,我的老板和公司给了我很多机会和发展的平台,我对这一切都心怀强烈的感恩之情,我竭力用自己的行动和成绩来回报同事、老板和公司。"

谈见明喝了一口茶,有些激动地继续说:"结果,我不仅工作得更加愉快,而且获得的帮助也更多,工作自然更出色,我也更快地获得了老板的嘉奖,还有获得更多的成功机会!"

感恩之心是做好工作的精神源泉,它可以帮助我们获得更多的支持和帮助。一个人的才干再大,能力再强,他也需要同事、领导和老板的关怀,还有企业提供的平台。作为职场人士要想实现自己的理想,在职场获得成功,就离不开同事、领导和老板的帮助和支持。

心理学家认为，人际之间存在"互酬互动效应"，即你如何对别人，别人也以同样的方式给予回报。所以，在人与人之间的交往中，尤其是在与同事、领导、老板的交往中，多一些感谢，多一份爱心，多一份温馨，你会发现你的心态永远都很平和，而你的心里永远都充满精神力量。

丁洛德从技工学校毕业后，被一家矿山机械厂录用，成为该厂钳工班的一名钳工。他是个刻苦勤奋的年轻人，工作非常积极，而且好学、上进，很快就得到同事和领导们的认可和喜欢。

一年后，与他一起进厂的江林和何大志调进了技术科，成为厂里的技术员，而丁洛德还是一名钳工，还被派到了最艰苦的工作岗位上。

有人为丁洛德鸣不平，有人讽刺丁洛德是"二愣子"，钳工班的班长还责怪丁洛德太"傻"，不懂得争取。丁洛德并不在意，只是笑笑，一如既往地干自己的工作，好像他的内心有一股强大的力量，使他不为这些别人认为心烦的事有丝毫动摇。

班长终于忍不住，理直气壮地找厂长理论。厂长说，一个真正的人才，就应该到最艰苦的环境中去锻炼。

其实，丁洛德觉得自己虽然在学校学的是钳工，但是他认为自己的实际工作能力还需要多锻炼，他还没有能力把理论知识与实际工作进行有效结合，他觉得厂长的安排给了自己最好的机会。

而且丁洛德非常感激当初厂长能接受他这个刚从学校出来、什么也不懂的技校学生，因为当时他去了很多单位，他们都以各理由和借口拒绝了他，是厂长看了他的简历，二话没说就录用了他，还给他安排了与专业对口的工作，他已经心满意足了，他现在最大的心愿就是不辜负厂长的一片培育之心，尽自己最大的努力把工作做好，早日为工厂的发展作出自己的贡献。

另外，他清楚地明白，如果自己去争取调任技术员，会让厂长非常为难，江林和何大志都是通过关系进的厂，厂长得罪哪一方都会给工厂带来诸多不便和负面影响。

丁洛德不仅努力做好自己的工作,对同事也是有求必应,大家都很喜欢他,也很欣赏他的人品,也愿意帮助他、与他协同作业。

三年后,进入技术科的江林和何大志因为胜任不了技术方面的工作,被厂长辞退了。而丁洛德无论是在技术,还是在管理上都精进了不少。当厂长在职工大会上宣布丁洛德将于下个月正式接任"厂长"一职时,大家这才明白厂长对他近乎苛刻的要求和锻炼,是为了将他培养成一名合格的接班人。

丁洛德在讲话台上向厂长深深地鞠了一躬,然后激动地说:"首先我要感谢厂长,是他不遗余力地栽培了我,并教导我要做一个有责任感、懂得感恩的人。其次我要感谢我的班长,无论是在技术,还是管理上,他就像我的老师一样无私地帮助我、手把手地教我。另外还要感谢钳工班的同事们,他们像我的兄弟一样支持我、帮助我。再就是感谢在座的各位,因为你们的推举,是对我最大的信任。最后感谢所有的领导,因为你们建立了这么好的平台,我们的工厂才发展得这么具有竞争力。谢谢,谢谢大家,我唯一能做的就是更加努力地工作,带领着大家把我们的家园建设得更美好!"

丁洛德的话音还没落下,就响起了如雷一般的掌声,全厂上下无不为丁洛德感到欢欣鼓舞,他们相信在这样一个德才兼备的领导的带领下,工厂一定能兴旺发展。

心怀感恩,不仅会让一个人在工作中始终保持良好的工作状态,而且还会增强他的个人魅力,提升他的人生智慧,使他成为最受大家欢迎的人。丁洛德无疑就是这样的人,而且在现实生活和工作中,像丁洛德这样德才兼备的人才,才是在企业或单位能担当大任的人。感恩其实不需要你用任何物质的东西去回报支持和帮助你的人,只需在工作中做最好的自己。当你满怀感激之情在工作中不断奋勇前进时,当你忠心于自己的公司时，老板和领导一定会为你设计更辉煌的前景。

如果一个员工无视企业和老板为他提供的工作机会和发展平台，连起码的感恩之心都没有，他又怎么会珍惜工作、热爱生活、心怀爱心呢？更糟糕的是他可能连起码的责任感都没有，连最简单、最细小的工作，他也不会用心去做好。那么，成功自然不会垂青于他。

企业需要懂得感恩的员工，一个怀有感恩之心的员工，不仅能将工作自动自发地做好，而且还会视企业如家，发自内心地热爱自己的工作，在工作中充满激情，并且用自己积极的心态去感染身边的每一个人，在企业的发展中起到重要的作用。因此，懂得感恩不仅是一个员工优良品质的重要体现，学会感恩更是一个员工做好工作的精神动力。

3.

千里马更要感谢伯乐

实际上企业不仅是员工生存和发展的平台，还是员工职场竞技的擂台。离开了这个平台，就如同演员离开了舞台，无法施展自己的才华。同样地，离开了这个擂台，就如同离开了职场竞争的竞技场，也无法显示自己过人的才能。

企业不仅为我们提供了工作的机会，还搭设了施展才华的擂台，我们还通过老板和领导的培养和提携，成为职场擂台上的赢家，从而实现了自己的人生价值，拥有了自己的事业和成就。

如果我们把自己形容成千里马，那么我们的同事、老板和领导就是识千里马的伯乐。没有他们的赏识、发现、培养、帮助和提携，我们就是有再大的能耐，有再高的才能，也一样如同埋在沙子里的金子，难以散发出耀眼的光芒,更难以成为擂主。

赵静高中毕业后,因家庭贫困没去上大学,而是到深圳的一家电子厂的车间做了一名质检员。由于她工作非常勤恳,而且十分认真细致,赢得了大家的一致好评,尤其是给领导留下了良好的印象。

一年后,品质部主管辞职,在主管的选举中,同事们推荐了平时工作认真负责的赵静。经过经理及相关部门领导的综合考评,赵静正式担任了品质部主管一职。

为了不辜负同事们的举荐以及领导的提拔,她工作更加努力了,除了刻苦学习品质管理专业知识,还将理论知识运用到实际操作流程和细节中。

为了使她尽快适应品质部的管理工作,同事们和经理给了她很多帮助和支持,很快就她就能独当一面,而且很多工作比前主管做得更细致、更标准化。

无论是记录上,还是检验密度上,她都加强了监督,并且每天都和质检员一起做巡视、抽检等工作,而且做到定时、及时向跟单员汇报情况、进行沟通。

赵静在学校里就非常喜欢英语,进厂后,她一直在自学商务英语,所以与跟单员的工作配合得非常好。除了做好质检部的工作外,她还主动跟踪生产进度,并积极做好生产部门的协调工作。

一直被大家认为不属于生产环节的质检,被她有机地融入了整体生产管理系统中,她还向厂里提出了生产工艺流程化的建议。她的建议得到了领导的认同,厂里准备成立生产工艺流程改造小组,并将她从品质部调到了新成立的改造小组,担任组长一职。

生产工艺流程改造成功了,赵静也拥有了独当一面的能力。就在此时,工厂向股份制转制,收购了一家倒闭的工厂,领导再次想到了赵静，并找她谈话，希望她能去将那家工厂重新筹建起来。

赵静二话没说，带着从车间里挑出来的几个员工，赶赴上任了。在别人看来十分困难的事情，对于她来说，等于又一次把握了事业的新机会。这一次的职务是总经理。

她说："如果没有同事和领导们的信任和支持，我不可能成长得如此快。如果说我是千里马，那么他们就是伯乐。千里马对伯乐的感恩，唯一的方式就是以更好的工作业绩来回馈。"

任何一个人的成长和成功，都离不开他人的帮助、支持和提携。所以，当我们取得成功时，一定要懂得感谢他们。当如赵静那样，用"更好的工作业绩来回馈"。

在职场竞技中，没有人可以说自己的成功完全是靠个人的努力。只能说个人努力是一方面，而这个方面只是所有人都必须有的硬件，而真正的成功是他人的推荐和提携。他们就是伯乐，如果没他们，你再优秀、再有才能，也只能埋没在人群中。

世上不是先有千里马才有伯乐的，而是先有伯乐才有千里马的。那些成功人士都是懂得感恩他们的"伯乐"的，所以，他们不仅享有盛誉，而且受到人们的尊敬。

闻名世界的管理大师艾柯卡，曾是福特公司的一名见习工程师。因为对销售感兴趣，经过一番努力，福特公司宾夕法尼亚州的地区经理终于给了他一个机会，他当上一名推销员。

艾柯卡非常珍惜这个来之不易的工作机会，他虚心好学，竭尽全力去干，很快学会了推销的本领，不久，他被提拔为宾夕法尼亚州威尔克斯巴勒的地区经理。但是销售工作是充满挑战和受多方面因素影响的工作，没有销售业绩，就只能被淘汰出局。

有一次，在本地区的 13 个小区中，艾柯卡的销售情况最糟。他为此而情绪低落，福特公司东海岸经理查利把手放在他肩上说:"为什么垂头丧气？总有人要得最后一名的,何必如此烦恼!"说完他走开了,不过他又回过头来说:"但请你听着,可不要连续两个月得最后一名!"

在查利的激励下,艾柯卡灵机一动,想出了一个推销汽车的绝妙办法,这就是让世界瞩目的"花56元钱买五六型福特车",不仅使个人销售业绩一跃成为公司第一名,还让福特汽车在费城的销售由原来的最末一名,一跃而居第一位。

艾柯卡因此名声大振。不久,公司晋升他为华盛顿特区经理。几个月后,他调回福特公司总部,担任卡车和小汽车两个销售部的经理。在总部,他开始崭露非凡的管理才能,深得上司的赏识。4年后,即1960年11月10日,艾柯卡担任了副总裁和福特分部的总经理职务,46岁升为公司总裁。

艾柯卡升为公司总裁之时,可以说正是受命于福特汽车公司面临重重危机之时,他大刀阔斧进行改革,使福特汽车公司走出危机。他带领着福特汽车公司创下了空前的汽车销售纪录,公司获得了数十亿美元的利润,从而成为汽车界的风云人物。

正当艾柯卡和福特汽车公司实现着双赢双飞之时,他却遭到董事长小福特的排挤,这使他处于一种两难的境地。

此时,艾柯卡却说:"只要我在这里一天,我就有义务忠诚于我的企业,我就应该为我的企业尽心竭力地工作。"

后来,艾柯卡离开了福特汽车公司,并以总裁身份加入濒临破产的克莱斯勒公司。六年后,创下了24亿美元的盈利纪录,比克莱斯勒此前60年利润总和还要多。艾柯卡成为美国家喻户晓的大人物、美国人心目中的英雄,但他仍然感恩福特公司曾给予自己的一切,也很欣慰自己为福特公司所做的一切。

无论一个人在企业中以什么样的身份出现,对于给了你激励、帮助、提携的人都应该心怀感恩。因为他们都是你的伯乐,如果没有他们,你不可能从平凡到优秀,再从优秀到卓越。艾柯卡正是因为有了感恩、忠诚的品质，他才以自己超强的能力折服了员工，也以自己的人格魅力征服了所有人。

要想成为职场的千里马，就要先学会感恩老板，不要老是把老板放在与你对立的角度上看待。无论是从商业角度上来说，还是从个人发展的角度来考虑，老板才是栽培你、发现你的伯乐。因为是他给了你工作的机会，你才得以在企业的平台成长、强大、成熟，最终获得人生的成功和事业。

相信你已经明白了这个道理，那么请赶快向将你推上"领导"宝座的人说声"谢谢"吧，赶快对你的老板说声"非常感谢"吧。只有当你懂得感恩伯乐之时，你才算得上是一匹真正的千里马！

4.

感恩，驱走抱怨的魔

某公司在一次招聘中，经过层层考核，最后有两个年轻人脱颖而出。主考官单独约见了他们，并问了他们同一个问题："你觉得以前工作的那个公司怎么样？"

一个年轻人满怀抱怨地说："糟糕透了，同事们妒贤嫉能、斤斤计较，主管更是无才又无德！真难以想象我在那里是怎么度过了两年！"

说完后，还做出一副情伤悲切的样子，以为可以博得主考官的同情，心想：这样肯定能打动主考官的心，博得同情分！

另一个面试者却充满感激地说："虽然那是一家很小的公司，管理也不是很规范，而且工作很繁杂，我却在那里学到了不少的东西，给了我很多锻炼的机会。正因如此，我现在才有勇气、才有机会坐在这里接受您的考核。说心里话，我特别感激原来工作的公司。"

主考官二话没有说就让后者马上到公司报到，并安排在适合他的工作岗位上，以便他的技能、经验、特长得到更好的发挥。而前者，毫无疑问地被主考官直接拒绝了！

任何一份工作，都不可能如你所愿的那般美好，更不可能达成你所有的心愿。但是，不可否认的是，任何一份工作都可以为你带来许多美好的体验和宝贵的经验。无论是好相处的同事及领导，还是难相处的同事及领导；也无论是简单的工作或是良好的工作环境，还是艰难的工作或是恶劣的工作环境，都是我们人生的一笔巨大的财富。

也许我们的境遇真如那个抱怨的年轻人所说的那样，那么至少我们得到了三样东西：工作的平台、锻炼的机会、能力的提升。这三样东西是一个人在职场立足的硬件条件，也是一个人在职场得以生存的最基本的条件。仅仅因此，我们也应该感谢公司和老板，不是吗？

无论是在工作，还是生活中，这两个年轻人都是你、我、他的写照。如果选择前者，永远不可能获得人生的成功，因为没有人愿意给一个不懂得感恩的人机会，更没有人愿意接受一个不懂得感恩的人做朋友、同事。唯有后者，无论走到哪时，无论在什么企业、什么工作岗位，从事何种工作，都能踏踏实实做人、做事。所以做人当如后者，才能将工作做得又快又好，受到同事、领导和老板的信任、认可，为自己赢得更多获得成功的机会。

喜欢抱怨几乎成了现代员工的一种常态，尤其是年轻人，他们总是渴望快速成功，在工作中急于求成，结果往往适得其反，于是，他们就开始抱怨企业这不好、那不好，领导和老板不重视自己，同事是多么不好相处等等。然而，稍加留意就会发现，满腹抱怨的员工，不是因为他们不能胜任工作而是他们整天怨天尤人，做不好本职工作，才得不到自己想要的成功。

其实,抱怨的最大受害者是自己,与其抱怨工作,不如踏踏实实做好工作。很多人会说道理谁都懂,关键是能做得到的人不多。真的是这样子的吗?读过下面这则小故事,你一定不会再这么想,而是更愿意积极主动、自觉自愿地投入到自己的工作中。相信到那时,你会发现自己是多么出色,而且成功原来是这么简单。

孙志杰在一家公司干了近6年的维修工作,眼看着当初和自己一起进公司的同事,现在要么成了自己的顶头上司,要么独当一面,唯有他还是一个普通维修工。

其实,孙志杰是个头脑灵活、聪明能干的人,之所以得不到提升,归根结底是因为他不懂得感恩,对工作充满抱怨,所以近6年的时间,他几乎没有创造过什么值得骄傲的工作业绩,甚至还因为他的失误,给公司带来了不少损失。

工作之初,他总是抱怨自己的工作又脏又累,在工作中偷奸耍滑,懈怠工作,每天都在抱怨和不满的情绪中度过。工作一段时间后,别人得到了提升,他又开始抱怨领导不重视自己,工作起来更加消极,一开始偷懒还躲着主管,到了后来竟然当着主管的面开起了小差。工作时间越久,他的抱怨就越多,身边那些但凡有点上进心的同事都不愿意与他交往,他的身边纠集的都是跟他一样自以为怀才不遇、怨天尤人的同事。

最后,他把自己不成功的原因归根为主管的不公平和不公正。他的抱怨终于传到了主管的耳朵里。

一天,主管把他叫进自己的办公室,语重心长地对他说:"其实,你是个很有才华的人,这点我早就知道,也给了你很多机会去锻炼,可是你不但不珍惜,还抱怨一大堆,结果没有一件工作你能做好,能做出自己的最高水平。你再看看那些得到提升的人,他们虽然不如你脑子灵活,可是他们懂得珍惜每一个机会,尽自己最大的能力回报公司。假如换作你,你会提拔谁?"

可谓一语惊醒梦中人,孙志杰如同从梦魇中惊醒了一般,他对自己6年来的工作状态和一言一行进行深刻反省。他发现，这些年来，同事、领导、公司在他的眼里，几乎被他抱怨得一无是处，自己像着了魔似的，看不清事实和真相。他觉得自己白白浪费了6年的光阴，是多么得不偿失啊！

孙志杰发现主管给了自己比别人更多的学习和锻炼的机会，虽然有时会批评他，但无一不是为了他能进步得更快一些。再看看身边的同事，其实一直都对自己很关照，只是自己不识好人心，常常以怨报德。回过头来对比自己的工作环境，其实自己有很多优势，而且公司也为自己提供了发展平台，只是自己贪心不足，急功近利，才错失良机的……

醒悟过来的孙志杰，找回了那个充满激情的自己，对工作充满了热爱和信心，这大大激发了他的潜能。很快，他的才能就得到了发挥，他还积极主动对公司的生产设备提出了改良的建议，并为公司的生产设备进行了多项技术上的优化革新，为公司节省了不少成本，创造了巨大收益。

故事到这里还没有结束，孙志杰除了在技术上取得了突破性的成长之外，他还参加了著名企业管理咨询师的培训，成为了公司需要的"能文能武"之才。

两年后，公司在外地开办分公司，经研究决定：孙志杰是最佳人选。在宣布走马上任的那天，孙志杰对公司领导和老板郑重承诺：决不辜负重望，一定实现总公司的规划和设想，否则将无颜见江东父老！

抱怨就像装在被所罗门封了印的瓶子里的魔鬼，跳出来占据我们的内心，蒙蔽我们的心灵，让我们生活在怨郁、妒恨之中，这样的人生还有什么意义和价值呢？孙志杰因此白白虚度了6年的光阴，而有的人甚至因此虚度一生。

感恩，是驱走抱怨之魔的法宝，让我们在为自己鸣不平时看清事情的真相，让我们眼中的问题化为寻找方法的力量，让我们学会反思，懂得发现自己的不足，然后努力刻苦，最终摆脱抱怨的阴霾，重新找回那个乐观进取的自己。

心中没有了抱怨，激情就会回归我们的生命，使我们充满做好工作的不竭动力。如果你还在抱怨中责怪这个，责怪那个，看看你身边那些可能样样都不如你却获得了成功的同事吧。因为他们懂得感恩，所以他们心胸豁达、乐观向上。他们总是以饱满的精神状态来对待工作，他们总是能抓住机遇，获得令人既羡慕又妒忌的成功。

向他们学习吧，学会做一个懂得感恩的人，你会发现你不仅不会再抱怨，而且看待问题的眼光也高了很多，对人、对事的心胸也开阔了很多，最重要的是你一直渴望的机会，也像天上的馅饼一样，总是会"砸"到你的头上！

5.

与企业同舟共济的员工，是企业真正的主人

俗话说："疾风知劲草，板荡识诚臣。"逆境是考验一个人是否忠贞不二的最佳时刻。对于亲朋好友、对于企业、对于集体或单位、对于国家来说，一个人的忠诚只有在此时此刻才能得到验证。平日里说忠诚，道忠诚，那都是口头上的表白，能经受得住考验的忠诚，才是真正的忠诚。

作为企业的员工，最大的忠诚是与企业同舟共济，经受得起考验。企业如同在商海航行的船，大多数时候都是在风浪中前行。企业的船要想乘风破浪到达成功的彼岸，就需要全体员工在危机时刻各尽其责，竭尽全力确保企业之船安全行驶。企业才能避开风险，渡过危机，成功到达彼岸。员工的忠诚在这个时候，才会显现出它可贵的价值。

　　一家原本经营效益不错的旅行社,因为经理为了获得更多的报酬,带着大部分业务跳槽去了竞争对手那里,眼看着一年一度的旅游旺季即将到来,可是到目前为止接到的业务还不到十单,这导致旅行社陷入了前所未有的危机。

　　这天上班,老板召集所有的员工开会。员工们都以为老板带了好消息,没想到老板却让大家另谋出路,他说:"对不起大家了,公司一直到现在都没有接到什么业务,资金周转已经很困难,现在如果有人想辞职,我会立刻批准。"

　　没有人提出来辞职,老板接着说:"大家放心,欠你们两个月的薪水,我会全部结清的。在找到新的工作之前,可以还住在公司。"

　　"老板,我不走,我不会在这个时候离开公司的。"一个员工大声说。

　　"老板,我也不走,难关和困难肯定是暂时的。"另一个员工也大声说。

　　"是的,老板,带着我们一起想办法渡过难关吧,不要遣散我们。"又有一个员工说。

　　……　……

　　越来越多的员工表示不想走,愿意留下来与老板同心协力,挽救公司,最后全体员工都留了下来。

　　此时,每个员工都发挥自己的特点和所长,为公司出谋划策,并且每一个人都愿意承担责任。在公司全体成员的共同努力下,很快恢复了正常经营,并且以开展优惠活动的方式挽回了很多老客户。这家旅行社不仅没有倒闭,而且比以前做得更好。

　　事后,老板深有感触地说:"我要感谢我的员工,在公司最危难的时刻,是他们的忠诚帮助公司战胜了困难。"

　　老板拿出40%的股份分给了公司的员工,等于每一个员工都拥有了公司股份,成为了公司名副其实的主人。

　　一年后,那位经理又以同样的方式跳槽到了另一家旅行社,不过没多久，他就被那家旅行社开除了，因为他对老板不忠的名声已经在同行业里传开，没有老板再相信他，更没有老板愿意冒着公司倒闭的危险聘用他。

忠诚的号召力是一种伟大的精神力量，可以唤起人们心中的责任感和勇气。在企业最危难的时候，忠诚的员工与企业同舟共济，所以，他们才是企业真正的主人，没有他们，企业不可能在最困难之时生存下来。

而对企业不忠的员工，就像那位经理，永远不可能成为企业真正的主人。也许他能获得一些眼前的利益，但不可能在职场长足发展。而作为一个人，不可能因为短暂的利益而生活得更好，更有成就。

朗讯CEO陈思博说："我相信忠诚的价值，对企业的忠诚是对家庭忠诚的延续。我从柯达重回朗讯，承担拯救朗讯的重任，这是我对企业的一份忠诚。我一直把唤起员工对企业的忠诚作为自己努力的目标。"

忠诚是一种归属感，忠诚不仅让一个员工意识到自己属于这个企业，而且还让他认为必须要为企业做些什么。他们会急企业所急，忧企业所忧，他会勇于承担一切，兢兢业业做好每一份工作、每一件事情，为企业在市场竞争中胜出贡献自己的聪明才智。

刚达公司的老总带着自己的谈判人员到润成公司进行业务商谈，虽然谈判成功对双方来说都可以产生可观的交易额，但是对刚达公司来说，如果掌握了润成公司的底线，那么产生的交易利润将更可观。

几轮谈判下来，刚达公司想要按原计划实现预定的结果非常难，此时谈判似乎陷入僵局，停滞不前了。

刚达公司的谈判助理提出："实在不行，我们就把他们的谈判人员收买过来，给他们丰厚的回扣，这对我们来说，是舍小保大，具有长远效益。如果别的公司介入的话，就有可能错失这次难得的机会，无法实现交易。"

但是，负责谈判的主管不同意这么做，万一对方拒绝接受回

140

扣,岂不是前功尽弃?而这么做本身也违背了公平竞争的原则,在内业传开后,必定有损公司的名誉。

老总对他们的意见沉思了半晌,最后,他听从了谈判助理的建议,认为可以试一试,他说:"我们的做法无论成功,还是失败,至少可以证明一个问题。"

第二天谈判开始的时候,双方都一言不发,气氛沉闷得让人喘不过气。

"我同意贵公司提出的价格。"刚达公司的老总一语惊破了沉寂的场面,而且让刚达公司和润成公司所有谈判人员都大感意外。

刚达公司的老总朗声说:"我知道谈判开始前发生了一件事,我的助理找你们的谈判人员给回扣的事。我当时没反对,只是想证明一件事,别无他意。"

"哦,还能有什么别的意思?倒是可以说来听听。"对方的一个谈判人员带着怒气说。

刚达公司的老总笑了笑说:"那就是证明了你们对公司的忠诚。你们对丰厚的回扣丝毫没有动心,我很敬佩在座的各位,也为贵公司拥有你们这样的员工感到欣慰。"

老总接着说:"成交的价格的确可以为我们公司增加更多的交易利润,但是一个企业的生存不是由金钱的多少来决定的。对于一个企业而言,员工的忠诚和责任才是最为重要的。"

大家听了,气氛一下子缓和了很多,尤其是老总的助理不似刚才那般坐立不安了,他的做法终于不被对方认为是卑鄙无耻的行径了。

"你们的表现让我对贵公司的产品和实力非常放心,也对贵公司的未来充满信心,能和你们合作,我大可放心。从价钱上来看,我们是多承担了一些成本,但我相信我们的合作会赚得更多、赢得更多。"刚达公司的老总诚恳地说。

这时,润成公司的老总推门走了进来,他上前握住刚达公司老总的手，感慨地说："谢谢，不是我们故意抬价，而是已经接近成本价了。但是，为了表达我方的诚意，我打算在总价上给你们打9折，然后这批产品的配套工具全部免费。"

话音刚落，热烈的掌声就响了起来，两家公司很快就签订了合同，并且从此成为生意和事业上的亲密合作伙伴。

忠诚是企业文化中的重要组成部分，也是员工对企业的一种精神理念，是整个企业凝聚力的焦点。一个忠诚的团队撑起的是企业的台柱，即使在丰厚的利诱面前，也会恪守忠诚，绝不为利益所动。这样的职业精神，即使是竞争对手，也会对他们充满敬佩。因为他们让对方知道了为什么对方比自己更强大。

任何时候企业都需要忠诚的员工，任何老板都渴望拥有忠诚的团队。全体员工的忠诚可以壮大一个企业，反之则可能毁了一个企业。唯有能够与企业同舟共济的员工，才能勇敢地与老板并肩作战，共同面对风浪。也只有这样的员工，才能成为老板的伙伴，在工作中发扬主人翁精神，成为企业真正的主人。

6.

忠诚 VS 能力，成功更垂青忠诚的员工

在一项对世界著名企业的调查中，当这些著名企业的总裁、董事长及高管被问到"您认为员工应该具备的品质是什么"时，他们几乎无一例外地回答是"忠诚"，再问"如果从忠诚、负责、执行、能力、感恩、敬业、创新等方面来选择，您会选择和重用什么样的员工？"，他们几乎同样选择了"忠

诚"。

一个人只要具备了忠诚的品质，他的身上就同时具备了敢于负责、爱岗敬业、懂得感恩的品质，而且他对工作永远都是那么积极主动、自觉自愿，那么他不用督促就能够高效执行，在工作中锻炼自己各方面的能力。成功自然也更垂青忠诚的员工。

著名企业奥康集团制定了这样的选才标准：有德有才之人，提拔重用；有德无才之人，培养使用；有才无德之人，限制使用；无德无才之人，坚决不用。其实，这也是很多企业的选才标准。"德"包含的内容很多，其中非常重要的一点就是忠诚。

人才的品质比能力更重要。一个人如果品质不好，能力差一点，对企业来说不会有大的危害，而且只要稍加培养就能成为企业可堪大用之才；恰恰是那种有超强能力、又聪明会算计的员工，对企业不忠诚，那他给企业造成的危害会非常大，甚至会给企业带来致命的一击，轻则断送一个单位，重则断送一家企业。

巴林银行在国际金融界享有"女王的银行"之美誉，成立于1763年，是英国银行界的泰斗。

有着232年历史的巴林银行于1995年2月27日宣布倒闭。消息一经传开，国际金融界为之震惊，全球无不感到惊愕。除此之外，人们迫切想知道是什么原因造成了这一悲剧。

造成这一悲剧的直接原因是该行新加坡分行交易员尼克·利森在未经授权的情况下，赌输了日经指数期货，却利用多个户头掩盖其损失所致。

说起尼克·利森，他的确是个非常聪明能干的人，业务能力很不错。他25岁进入巴林银行，主要是做期货买卖，初入金融界就为银行赚了不少利润，1992年被委以主持巴林银行在新加坡期货业务的重任，这一年他才28岁。上任初期，其能力就得到了展现，1993年为巴林银行赚了1400万美元，他本人从中获得100万美元的奖金。

　　他出色的工作业绩让巴林银行的高层们对他信任有加，对他的决策和管理能力及银行的忠诚毫不怀疑，再度对他委以重任，让他既主管前台的交易，又负责后台的报表统计。

　　事实上尼克·利森对公司毫无忠诚可言，他一心盘算着自己的个人利益，他只想拿更多的奖金，挣更多的钱。对于公司委以的重任，正中他怀，他决定利用手上的职权谋求最大化的个人利益。

　　从1994年底开始，尼克·利森未经批准就私自做风险很大的被称作"套汇"的衍生金融商品交易，期望利用不同地区交易市场上的差价获利。他将已经购进的70亿美元的日本日经股票指数期货，在日本债券和短期利率合同期货上作以200亿美元的空头交易，结果损失200万美元。随着日经指数的一再下跌，尼克·利森越亏越多，转眼间10多亿美元化为乌有，而整个巴林银行的资本和储备只有8.6亿美元。

　　同时，为了掩盖自己的错误交易，尼克·利森利用公司开设的暂时存放错误交易的特殊账户，造成损失14亿美元。尼克·利森上任的短短三年时间内，搞垮了巴林银行，并于1995年2月22日在办公室留下一张纸条，便潜逃了。

　　最后，巴林银行被荷兰皇家银行以一英镑的象征价格收购，现改名为霸菱银行。尼克·利森也因此被追捕入狱。

　　这起事件给了无数企业和老板刻骨铭心的警示，一个缺乏忠诚度的员工，如果仅凭其才华和能力委以重任，最终会给企业带来巨大的损失，而且其能力越强，智商越高，危害就越大。

　　任何一家企业、任何一个老板在衡量一个员工是否可用时，都会将忠诚放在所有素质的首位。他们知道，只有恪守忠诚的员工，才会将工作做得又好又快，才会在工作中为企业开源节流，才会使企业效益大幅度提高，才能增强公司的凝聚力和竞争力，让企业在变幻莫测的市场中更好地立足。

忠诚是市场竞争的基本道德原则，更是职场竞争的基本素质原则，违背忠诚原则，无论是个人还是企业都会遭受损失。不要侥幸地认为偶尔的不忠诚无伤大雅。一个人好的行径和坏的行径在其日常生活和工作中都是能让别人感觉得到的，哪怕是一次不忠，都将让老板和领导再也难以受信于你。所以说，无论是个人、企业、集体还是领导，忠诚都会使其受益。

人们总结出以下标准来评价人才：有才有德是正品，有德无才是次品，无才无德是废品，有才无德是毒品。那么，渴望成功的你属于哪一品？

如果你是正品，那么恭喜你，你一定能在企业的平台，将自己的才能发挥得淋漓尽致，最终取得人生最大的成功！

如果你是次品，那么请相信功夫不负有心人吧，你一定能通过自己的勤奋努力和企业的培养，成为正品，得到成功的垂青！

如果你是废品，这真是可悲啊，因为无才你很难被委以重任，因为无德你几乎不会得到提升能力的机会，所以你只能平平庸庸、碌碌无为度过一生。

如果你是毒品，这才是人生最大的不幸！上天恩赐了你出色的才华，你本可以用自己的智慧为人生创造最大的价值，可是，你却偏偏不走正道，一条歪路走到黑，你害了企业，实际上也害了自己的一生！

作为一个人来说，你可以无才，但万万不可失德，尤其是忠诚，没有了忠诚，纵使你有万般才干，也让你身边的人、你就职的企业、你的上司最难以容忍。没有人天生就是无德之人，也没有人天生就不具备忠诚的品质，不为了别人，只为了对自己的人生负责，做个上品之人吧，你将得到的不仅仅是金钱，还有更多比金钱更重要的价值，让你此生无憾，今生足矣。

第七章

做好小事、注重细节是成功之树常青的保障

　　再伟大的事情也是由一件件不起眼的小事所组成的。古人讲,修身、齐家、治国、平天下。梦想再大,也要一步步地走,没有谁能一口吃成个胖子。所以,对于一名员工来说,想要事业成功,也必须先从日常工作的小事做起,做好小事,把每一个细节都做到位,成功之树终能结出胜利的硕果。

1.

培养"微"能力，以"微"取胜

1994 年 10 月 2 日至 16 日，第十二届亚运会如期在日本广岛广域公园体育场举行，有 42 个国家的 6800 多名运动员参加比赛，该场馆可能容纳观众 50000 人。在此次亚运会结束的时候，近 6 万人的赛场上竟没有一张废纸。全世界的报纸都登文惊叹："可敬、可怕的日本民族！"

一件本来不起眼的小事，却引起了世界轰动，这就是小事的"微"能量。对于一个国家来说，将小事做到极致，足以令他国之国民感到可怕；而对一个人来说，培养自己的这种"微"能力，同样能够令周围的人称之奇迹，并使自己的人生获得出人意料的收获。

一群德国大学生做了一个实验：在德国科隆一条街上的相邻的两个电话亭上，分别贴上"男"、"女"字样，然后躲在暗处观察。结果，他们看到有七八个德国男人在贴有"男"字的电话亭外排队，而贴有"女"字的电话亭却空着。

有些人看了，可能觉得好笑。电话亭又不是厕所，分什么男女？这些德国人真傻！其实了解德国的人都知道，德国人严格的法律意识，尤其是程序法律意识确实是值得赞叹的。他们在不了解规则(即电话亭被临时分为男、女)的用意时，首先是遵守规则，即使怀疑它的合理性，那也是事后的事。正是由于德国人有这样严格的法律规则意识，尤其是程序规则意识，才使德国成为一个世界公认的法制相当完善、发达的国家。

做好小事是一种生活态度。不要小觑了工作中的那些微不足道的小事,职场中,如果我们想成功,就必须要从身边的小事着手,因为做好小事、注重细节是成功之树常青的保障。尤其在今天这个大家都在急匆匆向前奔的浮躁时代,谁愿意主动低下头,发现身边的小事,并将其做好,也许谁就能真正发现成功的金钥匙。

做好小事是成功的必备条件。小事不小,往往蕴涵着成功的契机、成功的机遇。一屋不扫,何以扫天下?说的就是连自己的房子也不打扫,怎能去打扫天下。上山被叶子割了是小事,但鲁班却由此发明了锯;苹果落在地上是小事,但牛顿却由此发现了"万有引力定律"。凡事皆是由小至大,小事不愿做,大事就会成空想。

有一个女孩,大学毕业后进入一家非常普通的文化公司当编辑。公司安排新员工从校稿这样的最简单的工作做起。其他新员工十分抱怨,并且对此项工作毫不在意,不甘于做这些平庸的工作,感觉不能发展自己的才能。

可是,这个女孩则与其他员工不同,她每天都认真地对待领导分配的每一项任务,还帮助其他员工做一些最苦、最累的活。在工作中遇到不懂或不会做的事情,还虚心地向老编辑请教。

她兢兢业业的工作态度和优秀的工作质量经常得到领导的表扬。经过一年的磨炼,女孩完全掌握了编辑的全部流程。很快,她就被经理提拔为责任编辑。又过了一年,她再次晋升为出版部门的编辑主任。而与她一起进来的其他员工,却还在校对着稿件。

像这样以"微"取胜的真实案例还有很多,而从这些故事中,聪明的员工一定会悟出一个道理:能将小事做好,小事同样也能助我们实现成功的夙愿,帮我们成就人生的大事。所以,每一个想成功的员工要从心里认识到,我们所做的每一件事,都是与他人利益休戚相关的,而每一件事都不是小事。

做好小事是一种工作态度。一个人无论从事何种职业,都应该尽职尽责，尽自己最大的努力，求得不断的进步。这不仅是工作的原则，也是人生的原则。把每一件简单的事做好就是不简单；把每一件平凡的事做好就是不平凡。天下没有卑微的工作，只有卑微的态度。只有在态度上认识到做好小事的重要性，我们才能用高度的责任心去认真完成我们的每项工作任务。

李志英在一家房地产公司做电脑打字员，虽然学历不高，但她并没有为此感到自卑，也没有靠和公司里的人脉关系来争取更好的职务和待遇。每天，大家发现她都在实实在在地工作着。

她的打字室与老板的办公室之间只隔着一块大玻璃，老板的举止她可以看得清清楚楚，但她很少向那边多看一眼，或奉承一下老板，而是做自己该做的工作。每天，她都有打不完的材料。

她知道，若与其他人比，也许唯有认真努力工作、正直待人、不搞个人小圈子才是自己唯一可以和别人一争长短的资本。她处处为公司打算，连打印纸都不舍得浪费一张。如果不是要紧的文件，她会把一张打印纸两面用。

那一段时间，她为公司的办公耗材节省了不少开支。一年后，公司资金运作困难，同事们议论纷纷，一时间搞得人心惶惶，也有同事干脆跳槽。但她觉得公司一定是哪里出了问题，于是她直接找到了老板，和老板谈了自己的想法。

平时并没有太注意她的那位老板，突然觉得她是一个很有思想的女孩，敢于提出自己的想法，最后他又认真分析了她的建议，觉得有可行之处，权衡利弊后，他根据李志英的想法把方案加以修改，并决定立即实施。一个月后，公司接到一笔新的业务，扭转了公司的危机，而李志英也因此被提拔为项目部主管。

不积小流，无以成江海；不积跬步，无以至千里。做好小事是获得成功的基础。作为一名普通员工，想要在职场上获得成功，除了靠培养自己的"微"能力,靠做好身边的每件小事外,没有其他更稳妥的好办法。

人不可以一步登天。再高的大厦,也是由一块块小砖头累砌而成;再大的伟业,也是从一点一滴的小事做起的,只有把小事做好了,才有可能做大事。但是,还有不少人在工作中不能坚持这种工作态度,他们做事马马虎虎,只要"差不多"就行了,对待他们心目中的"小事"不能充分考虑去做,结果生产线上次品频出,重大责任频繁发生,"小事"变成了大事,变成了坏事。

如果他们能从小事做起,认真做好自己的每一件小事,那么这样的情况是完全可以避免的。刘翔,代表着一个速度的名字。他的成功,无疑也是靠平日坚持做好小事。天天练习,不断重复跨越这个动作,每跨越一个,就是一个积累,每练习一天,也是一个积累。经过日复一日、年复一年,小事的不断积累,才最终在雅典奥运会上一举夺得了冠军。

浩瀚的大海由一滴滴雨水积成;广阔的沙漠由一粒粒小沙聚成。名人之所以成为名人,其实没有什么特别的原因,仅仅是比普通人多注重一些细节问题而已。智者善于以小见大,从平淡无奇的琐事中参悟深邃的哲理。故要获得成功,必须要从培养自己的"微"能力开始,从身边的小事做起。

2.

用做大事的心态,做好每一件小事

古罗马哲学家说:"要想达到最高处,必须从最低处做起。"对那些一心想成功的人来说,成功不在于前方的路到底还有多远,而在于我们是否能走好脚下的每一步路;成功不在于明天的以后还有多少个明天,而在于我们是否已经把今天的每件事都做到了无可挑剔。

成功是什么？成功就是用做大事的心态，来做好身边的每一件小事。因为决定成败的关键多在一些并不起眼的小事上。有的人大事做不来，小事又不做，工作随便，学习松懈，只要组织照顾，不要组织纪律。其实，一个人不怕没能力，也不怕没机遇，就怕连小事也做不好。如果一个人只有做大事的雄心，没有做小事的耐心，恐怕到最后只能一事无成。

> 东汉的时候，有一个叫陈蕃的孩子，他拥有伟大的志向。年轻时独处一室，日夜攻读，苦练内功，欲干出一番惊天地、泣鬼神、山河变色、日月无光的大事业。
>
> 一日，他父亲的朋友薛勤来访，看到庭院里一片荒芜，杂草丛生，纸屑满地，满目萧然。于是问道：你这小子为什么不打扫庭院来接待客人啊？
>
> 陈蕃回答道：大丈夫处世，应当治国平天下，区区一个院子有什么好打扫的呢？
>
> 这样的回答让薛勤暗自吃惊，他知道此人虽年少却胸怀大志。感悟之余，劝道："一屋不扫，何以扫天下？"

职场中，我们也经常看到这样一些人，他们不屑于做具体的小事，总是盲目地相信"天将降大任于斯人也"。殊不知能把自己岗位上的每一件小事做到位就很不简单了。要知道无论我们做什么工作，重要的是做好眼前的每一件事。

在任何一个企业，没有一个岗位是多余的，也没有一个岗位是可以完全被忽略的。然而，在工作中，总有人认为自己的工作微不足道，做好做坏对企业都不会造成太大影响，所以在工作中总有满不在乎的情绪，认为自己这一点工作没有做好是无所谓的。如果一个人总是抱着这样的心态去工作，其朝思暮想的成功又岂能实现。

在成功者眼中，从不认为自己所做的事是小事，因为他们知道即使当下所做的事再小，只要能做好，一样可以体现自己的能力，锻炼自己的意志力,所以他们会用做大事的心态来做这些小事。抱着做大事的心态来做小事,这就是成功者的成功之道。如果一个人不能抱着做大事的心态做好每一件小事,那么他注定永远是一个默默无闻的小角色。

一天中午,吴耀汉正在和剧组里的朋友休息闲聊。就在这时,桌子上的闹铃响了起来,吴耀汉摁停了闹铃之后,立刻和朋友结束了谈话,开始顶着烈日在片场一圈又一圈拼命地跑了起来。吴耀汉越跑越快,被他鞋子带起的尘土四处飞扬起来,大家都把好奇的目光投向了吴耀汉,谁也不知道他葫芦里到底卖的什么药。

这时,午休结束了,吴耀汉也满头大汗地跑了回来,二话没说立刻投入到了拍摄之中。开始拍摄之后,大家突然明白了吴耀汉的苦心,原来下午第一场戏就要拍吴耀汉被杀手追杀之后累到虚脱的情景,他中午顶着烈日拼命跑步原来就是为了让这个场景显得更加真实。

累得大汗淋漓的吴耀汉强撑着拍完这个场景之后,忽然脚下一软,狠狠地摔在了地上。导演连忙从座位上跳起来,一个箭步冲过去把吴耀汉抱了起来,一边拍着他的后背,一边感叹着说道:"兄弟,你是最棒的!"

只见吴耀汉气喘吁吁地说道:"导演,您过奖了。人家卓别林和周星驰在拍戏前做的功课,比我还要多百倍,我要向他们学习,并且努力超过他们!"

以后,每当这名导演提起这件事时,总是忍不住竖起大拇指连声夸奖:"吴耀汉把工作中的每一件小事都尽力做到最好,这些小事积累成大事,小成功积累成大成功,他以后一定很了不起!"后来,吴耀汉果然如同导演所预言的那样,成为了香港著名的喜剧明星。

成功并非偶然,没有什么人能随随便便成功,也没有什么结果是没有原因的。吴耀汉拍戏，并非只是简单地混口饭吃，而是把超过卓别林和周星驰作为自己的奋斗目标。所以，抱着这样的心态，他宁可顶着毒辣的太阳跑步，也要将戏里的真实感淋漓尽致地表现出来，从而为自己赢得更多的机会。

在职场里，我们也应该像吴耀汉一样，抱着做大事的心态努力做好每一件小事，只有认真做好每一件小事，并将每一件小事都看成大事来处理，才能够使自己的工作不断地得到改进，并最终达到一个新的高度，从而在竞争激烈的职场中赢得胜利。所以，工作中我们只有将小事当作大事一样来处理，才会做到最好，将来也才能担当起更重要的工作。

成功学大师卡耐基曾说："一个不注意小事情的人，永远不会成就大事业。"不要因为只是一件小事就敷衍应付，要知道只有用做大事的心态将别人不在乎的小事做到最好，才能得到领导的赏识和提携，从而加大自己成功的砝码。

春秋战国时期，在某年的一个雨季，齐国连着下了多日的大雨。一天中午，齐国大将军在部下的陪同下视察各个军营的情况，当他来到副将田单率领的军营时，忽然愣在了原地。只见田单并没有在军帐中，反而正站在大雨中监督粮草官给士兵们发放午餐。

田单脸色苍白，身体轻微地颤抖着，似乎是生了病，却还站在泥泞的泥土里监督着午餐的发放。大将军看到这种情况之后，就把田单叫到了面前："这么点小事为什么还要你自己来做？"

田单舔了舔干裂的嘴唇大声回答道："多年以来，粮草官克扣军粮中饱私囊的事情屡有发生，将士们因此连饭都吃不饱！我如果连这样的小事都做不好，那怎么能赢得兄弟们的心，从而像您那样带领他们去做出生入死保卫国家的大事呢？"说着，田单的身体又轻微地颤抖了几下。

"你生病了？"大将军面露关切之色。

田单笑着连说没事，得到许可之后，立刻又走回去监督午餐发放。大将军离开田单军营的时候，忍不住回头看了看这些斗志昂扬的将士，长长地叹了一口气："田单看似是在做小事，却凝聚了人心，真是一个难得的人才！"

后来，田单率领着这支忠心耿耿的队伍南征北战，战功赫赫，终于成为了一代名将，名留青史。

做好小事是成功的基石。大事是由一个一个的小环节组合而成的，没有做小事的积累，就不可能有大事的成功。而连小事情都做不好的人，又岂能做好大事。对工作中那些有远大抱负、一心想做大事的人，若是总是对身边的小事嗤之以鼻，不屑一顾，那么成功只能离他们越来越远。

世界一流企业的杰出员工的共同特点，就是能做好小事。美国质量管理专家菲利普·克劳斯比说："一个由数以百万计的个人行动所构成的公司经不起其中1％或2％的行动偏离正轨。"对于我国很多企业来说，当下并不缺乏雄才伟略的战略家，缺少的是精益求精的执行者，缺少的是能够重视工作中的小事，并将小事当大事来做的人。

杰克·韦尔奇说过："一件简单的小事情，所反映出来的是一个人的抱负。工作中的一些细节，唯有那些心中装着大抱负的人能够发现，能够做对。"用做大事的心态做好每一件小事，我们从中既能得到领导的赏识，又能培养出自己卓越的品质，从而帮助我们赢得最终的成功。

3.

小事可以成就你，也可以毁灭你

生活一切原本都是由小事构成的，决定成败的常常是那些微若沙砾的小事。想要成功，每一件小事都值得我们努力去做，因为小事能成就一个人的大梦想。想避免失败，就不能忽略身边的每一件小事，因为只需一件小事就能毁了我们美好的未来。

小事虽小，忽视了它的存在，就会酿成大错。掉了一个钉子，就坏了一个马掌；坏了一个马掌，就毁了一匹战马；毁了一匹战马，输掉了一场战役；输掉了一场战役，毁灭了一个王国。这就是一个钉子和一个国家命运的关系。因为一件小事的疏忽，往往会导致意想不到的错误，甚至造成不可挽回的损失和后果。

2004年4月7日，IBM中国官方网站将价值约2000元的COMBO刻录机误标为1元，IBM公司发现并马上纠正了这个错误，不过仍然按1元的售价履行了合同。据了解，因为这件小事的失误，IBM为此损失了数百万元。

1826年，法国青年化学家巴拉尔研究从海藻中提取碘。他把海藻烧成灰，用热水浸取，再往浸取液中通进氯气，就得到紫黑色固体（碘的晶体）。然而每次在他提取碘后的母液底部，总沉着一层深褐色液体，且具有刺激性臭味。对这一现象，他进行了仔细研究，终于发现了一种新元素——溴。

德国化学家李比希读过他写的关于自己的这一新发现的论文后，深为后悔。因为他在几年前也做过与巴拉尔相似的实验，看到过类似的现象。所不同的是，他没有认真研究，只作凭空断定，这褐色液体不过是氯化碘。因此 他贴上一张"氯化碘"标签了事，从而失去了发现这一新元素的机会。后来他把那张标签取下来挂在床头作为教训。在那以后，他在科学研究中变得更为严肃认真，在化学上作出了许多贡献。

人生是由无数小事所串成的，无论工作还是生活，我们每天都在经历着太多的小事，因为太小，所以很多时候我们往往忽略了它们的重要性。然而有太多人、太多事，其成败都源自这些看似不起眼的小事。有些人因它们而一败涂地,有些人则因它们而成就了自己的辉煌。

魏格纳是德国气象学家、地球物理学家,1880 年 11 月 1 日生于柏林,被称为"大陆漂移学说之父"。他从小就喜欢幻想和冒险,童年时就喜爱读探险家的故事,英国著名探险家约翰·富兰克林成为他心目中崇拜的偶像。为了给将来探险做准备,他攻读气象学。1905 年,25 岁的魏格纳获得了气象学博士学位。

1910 年的一天,魏格纳身体欠佳,躺在病床上。百无聊赖中,他的目光落在墙上的一幅世界地图上,他意外地发现,大西洋两岸的轮廓竟是如此相对应,特别是巴西东端的直角突出部分,与非洲西岸凹入大陆的几内亚湾非常吻合。自此往南,巴西海岸每一个突出部分,恰好对应非洲西岸同样形状的海湾;相反,巴西海岸每一个海湾,在非洲西岸就有一个突出部分与之对应。

这难道是偶然的巧合? 这位青年学家的脑海里突然掠过这样一个念头:非洲大陆与南美洲大陆是不是曾经贴合在一起? 也就是说,从前它们之间没有大西洋,是由于地球自转的分力使原始大陆分裂、漂移,才形成如今的海陆分布情况的?

第二年,魏格纳开始搜集资料,验证自己的设想。他首先追踪了大西洋两岸的山系和地层,结果令人振奋:北美洲纽芬兰一带的褶皱山系与欧洲北部的斯堪的纳维亚半岛的褶皱山系遥相呼应,暗示了北美洲与欧洲以前曾经"亲密接触";美国阿巴拉契亚山的褶皱带,其东北端没入大西洋,延至对岸,在英国西部和中欧一带复又出现;非洲西部的古老岩石分布区(老于 20 亿年)可以与巴西的古老岩石区相衔接,而且二者之间的岩石结构、构造也彼此吻合;与非洲南端的开普勒山脉的地层相对应的,是南美的阿根廷首都布宜诺斯艾利斯附近的山脉中的岩石。

沉浸在喜悦中的魏格纳又考察了岩石中的化石。后来,他的大陆漂移学说轰动了全世界。

很多事实证明，事业成功源于"细"。阿基米德从洗澡水溢出澡盆这件小事得到灵感，发现了浮力定律；牛顿从苹果由树上掉下这件小事得到启示，提出了万有引力定律；丰田汽车把精细化的生产管理落实到细节之中，创造了辉煌的业绩；海尔公司始终坚持"精细化、零缺陷"的经营理念，使一个亏损企业发展成为世界家电品牌……

世界上，有很多像魏格纳一样的科学家，由于对一个小发现的深入探索、研究，最终不仅成就了自己，而且还为人类的科学发展作出了重要贡献。一件小事可以成就一名科学家，同样，一件小事的出色完成，也可以为一名员工的成功铺平前进的道路。

然而，由于各种小事看上去都是那么毫不起眼，因此每个人都难免在有意无意间忽略了小事的力量和价值。殊不知，工作中那些所谓的小事，既可能成为我们成功的起点，也可能成为我们失败的源头。

工作中，很多人认为自己的能力很强，可就是等不到平步青云的机会，于是埋怨上天，埋怨别人，埋怨这埋怨那。结果小事没做好，大事也没得做，最后只能在频繁的跳槽中继续追寻成功的美梦。

在职场中，有的人抓大放小，只关注大事，不关注小事；只注重宏观，不注重微观。要知道，一些关键的细小的事情，如果做不好，就会影响整个大局，结果必定落得个"小事不愿做，大事不能做"的下场。

善不积不足以成名，恶不积不足以灭身。一些拥有高学历、能力超群的人，由于在小事上频出差错，在职业发展上屡屡受挫，甚至惨遭淘汰。有的员工麻痹大意，缺少安全意识，在生产线上不按规定操作，造成了机毁人亡的结果。

　　有一家做指甲剪的五金厂，生产产品的第一道工序就是冲压，要用具有几十吨压力的冲床把钢板压铸成钢板的毛坯，再用冲床的压力把一些雕刻有产品品牌、型号的钢字模字样压在毛坯的表面。因为在这项工作中需要工人手工操作，危险性很高，稍不小心就会有冲床压到手指的事故发生，所以工人们在操作时都非常小心。

有一次，一台冲床坏了，需要更换一颗螺丝帽，负责维修这台冲床的师傅没有找到同样型号的新螺帽，就先用一颗旧的换了上去。没想到，就是这颗旧的螺帽，使冲床打滑，出人意料地砸在了那个操作工的手上，把那个工人的两个手指给砸断了。为此，工厂赔偿了一大笔医药费，那个工人也因此成了残废。

毫无疑问，一颗螺丝帽是不起眼的，可是就是这颗螺丝帽引发了血淋淋的事故。而对于那个修机器的工人来说，没有合适的螺丝帽，用一颗旧的顶一下也不过是一件小事，但是就是这件他不重视的小事最终酿成了大的事故。

任何小事，都会事关大局，牵一发而动整体，每一件细小的事情都会通过放大效应而突显其重要影响。每一名员工，都是企业运转的一个小环节，他们的工作质量会影响到整个企业的兴衰成败。一件小事的忽视，一个细节的失误，往往可以铸成人生大错，可以给自己的职业生涯造成重大挫折。

对于这样类似的事情，在很多企业中都发生过。而如果我们想要在企业中获得发展，千万不能让自己因这些小事的疏忽而毁了自己。在平时的工作中处理小事时，我们都应当给予足够的重视。如果我们对工作中的一些小事轻视怠慢，敷衍塞责，到最后就会因"一着不慎"而"满盘皆输"。

做好工作中的小事，其实就是为以后担当重任做准备。因为很多时候，正是一件件不起眼的小事，让一些平凡的员工得到了锻炼和成长，登上了职业的巅峰。那些能在职场中脱颖而出的员工，很多都是那些踏踏实实地做好工作中小事的人，而那些好高骛远、做事浮躁的人，往往一事无成。

4.

做好细节能让你更成功

风靡世界的麦当劳，在全球 121 个国家和地区拥有超过 3.1 万家快餐厅，每天都吸引着 4500 万人就餐。麦当劳带给我们的不只是快餐，它完美地诠释了一种美式文化。麦当劳把"质量、服务、清洁、价值"的经营理念，细化并贯穿到了企业管理的每个环节、每个角落。麦当劳在细节上下足了工夫，精益求精到了苛刻的程度：

对牛肉食品的检查有 40 多项内容，且从不懈怠；

牛肉饼重量为 45 克，此时边际效益达到最大值；

肉饼由 83％ 的肩肉与 17％ 的五花肉混制而成，这一比例口感最佳；

面包直径均为 17 厘米，这个尺寸最适合入口；

面包中的气泡为 0.5 厘米，这个尺寸味道最佳；

汉堡出炉超过 10 分钟，薯条炸好后超过 7 分钟，不准再卖给顾客，因为这时汉堡的口感会发生变化；

一个汉堡包净重 1.8 盎司，其中洋葱的重量为 0.25 盎司；

汉堡饼面上若有人工手压的痕迹，一律不准出售；

与汉堡包一起卖出的可口可乐必须是 4℃，因为这个温度最可口；

薯条采用"芝加哥式"炸法，预先炸 3 分钟，临时再炸 2 分钟，这时的薯条更香更脆；

柜台高为 92 厘米，这个高度绝大多数顾客付账取物感觉最方便；

不让顾客等候30秒以上,这是人与人对话时产生焦虑的临界点……

麦当劳的细节管理,远远不止上述这些内容,它们包含在三大本手册中,一本管理手册,一本服务手册,还有一本作业手册,总共有560页。

一个企业要想做大、做强、做久,需要做好细节,而一个人要想不平庸,想变得优秀,想变得更成功,也一样需要做好细节。做好细节可以使成功之路变得不再坎坷,每一个细节的出色完成都是成功路上一个最美丽的装点。细节是平凡的、具体的、零散的,如一句话、一个动作、一个会面……细节很小,容易被人们所忽视,但它的作用是不可估量的。工作中,做好细节,可让我们更容易成功。

任何大的成功,都是从小事一点一滴累积而来的。没有做不到的事,只有不肯做的人。想想我们曾经历过的挫折和失败,当时的我们,是否真的用尽了全力,是否对每一个细节都做到了万无一失。成功的路上,困难不是障碍,只有我们自己头脑中的那些不良的做事习惯才是一个最大的绊脚石。

在美国标准石油公司,有一个叫阿基勃特的年轻人,他是公司的一名小职员,职位不高,收入也不多。他有一个习惯,每次远行住旅馆的时候,他总是在自己签名的下方写上"每桶四元标准石油"字样;在书信及收据上也不例外,签了名,就一定写上那几个字。他因此被同事叫做"每桶四元",而真名倒没有人叫了。

公司董事长洛克菲勒知道这件事后,大感惊讶地说:"竟有职员如此努力宣扬公司的声誉,我要见见他。"于是邀请阿基勃特共进晚餐。

后来,洛克菲勒卸任,阿基勃特成了第二任董事长。这实在是一件人人都可以做到的事,可在偌大的公司里,只有阿基勃特一个人愉快地坚持着去做。

嘲笑他的人中，肯定有不少才华、能力在他之上的人，可是最后只有他成了董事长。应了那句话："对于敬业者来说，凡事无小事，要花大力气做好小事，把小事做细。"

也许细节并不能决定成败，但一定会影响成功的速度是快还是慢，影响机会的归属是你还是其他人。那些工作中注重细节的人，不仅认真地对待工作，将小事做细，并且能在做细的过程中找到机会，从而使自己更快走上成功之路。

所谓绝招，是用细节的功夫堆砌出来的。做好小事是成功的一种习惯，并不是非要干一件惊天动地的大事才能获得成功。从小事做起，而且坚定不移，乐此不疲，直到让做好一件小事成为一种习惯，我们就具备了成功者的品质。

查尔斯·狄更斯在他的作品《一年到头》中写道："有人曾经被问到这样一个问题：'什么是天才？'他回答说：'天才就是注意细节的人。'"如果今天我们一味地追求过于高远的目标，忽视了眼前可以成功的细节、小事，那么明天我们就会成为高远目标的牺牲品。

陕西某学校招聘教师，要通过试讲从几名应聘者中选出一名。几位应试者都做了精心的准备。因为校方要在最后一关试讲中只选择一个。

铃声响了，一个个试讲者分别微笑着走上讲台。师生互相致意后，开始讲课。导入新课、讲授正文、总结概括、复习巩固……各项工作进行得还算顺利。为了避免满堂灌，有一个试讲者也效法前面几位试讲者的做法，设计了几次并不高明的课堂提问，但效果一般。下课时，比较自己与前几名试讲者的效果，这名试讲者估计自己会输。谁知，第二天他就接到被录取的通知。惊喜之余，他问校长为什么选中了他。

"说实话，论那节课的精彩程度，你还稍逊一筹。"校长微笑着说，"不过，在课堂提问时，你叫的是学生的名字，而他们却叫学号或用手指。试想，我们怎能录用一个不愿去了解和尊重学生的教师呢?"

校长的一席话让他茅塞顿开，这也许也会让抱着整天想做大事的人明白些什么。叫学生的名字而不是学号或用手指，事情虽小，却反映了讲课者对学生的的尊重，体现了一片爱心。同时，对于应试者来说，记住学生的名字，也是一种应试准备，而且是更精细的准备。正是这种细节上的准备，使他与其他应试者区别开来。

据说有一次，北京某外资企业招工，报酬丰厚，要求严格。一些高学历的年轻人过五关斩六将，几乎就要如愿以偿了。最后一关是总经理面试。在到了面试时间之后，总经理突然说:"我有点急事，请等我 10 分钟。"总经理走后，踌躇满志的年轻人围住了老板的大办公桌，你翻看文件，我看来信，没一人闲着。10 分钟后，总经理回来了，宣布说:"面试已经结束，很遗憾，你们都没有被录取。"年轻人惊惑不已:"面试还没开始呢!"总经理说:"我不在期间，你们的表现就是面试。本公司不能录取随便翻阅领导文件的人。"年轻人全傻了。

工作中，通过对细节的表现往往最能反映一个人的真实状态，也最能表现一个人的修养。正因为如此，很多企业领导经常会透过工作中的小事看下面员工的为人，并根据一些细节小事来作为衡量、评价一个人的最重要的方式之一。孔子说，君子慎其独。作为一个一直梦想成功的人来说，将工作中的每一个细节做好也许能让我们更早获得成功。

5.

把小事做精，成功水到渠成

认真是成功的秘诀，粗心是失败的伴侣。列宁说："要成就一件大事业，必须从小事做起。"要想把工作做到位，做到领导无可挑剔，就必须具备这种用认真的态度将小事做精的精神。而一个人若想成功，把工作中的小事做精了，成功自然会水到渠成。

成功是一种境界。无论做什么事情，只要我们认真从自己做起，把大事做小、小事做精，就可以达到卓越的成功境界。因为在我们的日常生活与工作中，整日里接触最多的几乎都是一些琐碎的小事情。当我们完全投入其中，抱着一种将其做细做精的态度来做，就会发现，把每一件小事做精也是一件非常有意义和乐趣的事情。

然而，对那些一心想做大事的人来说，经常会对眼前繁琐的小事感到心烦意乱，觉得做那些事情毫无意义，似乎每天都在浪费自己大好的青春。殊不知，正是那一件件看起来并不起眼的小事，就像一个个"时间碎片"将我们的生活与工作连接成了一个整体。

在现实生活中，想做大事者比比皆是，但愿意把大事做小、小事做精的人却少之又少。如果一个人一心追求辉煌与卓越，不注意做好工作中的小事情、小细节，也许永远都无法找到阻碍自己成功的最大障碍到底是什么。

从前有一个山里的小伙子，想拜距离他家不远的一个武师练武，但是上门求了好多次都被拒绝了，理由是这个小伙子实在太笨了。但是，由于这个小伙子非常想学习武艺，因而多次被拒绝之后依然不肯舍弃——每隔三个月就去拜一次师。结果，这个小伙子的锲而不舍感动了武师，于是便收了这个小伙子为徒弟。

这个小伙子实在是太笨了，武师教了他近半年，他只练会三招棍法，而且还是入门级别的三招。武师对这个小伙子实在是无可奈何了，于是就决定不传授他功夫了，只让他每天挑水打柴，另外专门给他做了一个一百二十斤的铜棍子，让他拿着这个铜棍子练习那三招。

武师这样做的目的非常明显，就是要让这个小伙子知难而退。然而，这个笨得出奇的小伙子却没有明白师傅让他自动退出的想法，而是按照师傅的要求认真地去做——每天认真地挑水打柴，干一些琐碎的杂事，然后就认认真真地举着那根一百二十斤的铜棍子练习那三招入门级的棍法，风雨无阻。

十几年过去了，这个小伙子已经三十多岁了，便成了家，而他立的业就是跟着武师外出表演赚钱。一天，小伙子跟着武师在城里表演的时候，碰上了一个武术高手。经过大半天的比试之后，除小伙子之外，包括武师在内的所有人都被打败了。

而小伙子死活都不明白：只会三招入门级棍法的他，怎么会是最终的胜利者呢？就在小伙子百思不得其解的时候，武师告诉他："是认真让你成为了最终的胜利者，当你将一百二十斤的铜棍子舞得就像密不透风的大轮子的时候，没有人能够击败你。"

俗话说，一招鲜吃遍天。现在很多人什么都想学，结果学了很多，都是浅尝辄止，没有一种是精通的，于是走在城市的大街上突然会发现自己好像是个没用的人，什么都不会做，什么也都做不了。

而那些只精通一种技术的人则能够成为各个企业、单位的抢手人才，无论在哪里工作都会担任重要职务，拿高工资，且处处受人尊重。原因很简单，虽然其他方面自己不擅长，但在自己所做的工作上却是专家级人物。

刘翔跑得快，于是成为了亚洲飞人；姚明篮球打得好，结果全国篮球爱好者都以他为崇拜的对象；卖油的老翁可以让瓶子里的油透过铜钱倒进瓶中，于是敢于和百步穿杨的勇士叫板；也许一名员工只有初高中学历，但只要能够精通钳工技术，照样能每个月拿上万元工资；只要精通为人处世之道，一样可以做到销售部经理。

如今已经进入精细化管理时代。何为精细化管理？其实更多就是落实管理责任，变一人操心为大家操心，将管理责任具体化、明确化，要求每一个人都要到位、尽职，第一次就把工作做到位，对工作负责，对岗位负责，人人都管理，处处有管理，事事见管理。工作要日清日结，每天都要对当天的情况进行登记检查，发现问题及时纠正，及时处理。

在同一个工作岗位上，有的人勤勤恳恳，付出的多，自然收获也多。有的人整天一门心思地想调换工作，想被老板委以重任，却做不好自己眼前的事情。即使在将来，被重用的也依然不会是这样的人。

在这样一个精细化的时代，反而是那些做事能够考虑细节、注重细节，将大事做小、小事做精的人，往往能够从细节中找到机会。现在把小事做精在我们工作中已经表现出来了无与伦比的魅力，你可能因为对它的注重而抓住更多机会，从而体现了自身的价值，修复了自己的人生，完善了自己的品格和细节。

如果我们每个人都能在工作中有意识地注重每一个细节，从细节入手，把每一个细节抓好，把一项项"不起眼"的工作做实、做深、做细，那么对个人来讲可能是一个小小的进步，但对单位而言就是一个大的发展和飞跃。

对大多数员工而言，将来的晋升更多是建立在目前忠实地履行日常琐碎工作的基础上。只有踏踏实实地做好自己的本职工作，才有可能给自己创造新的机会。所以，对于自己目前的工作，虽然职位不高、分量不重，但是它却是别人发现我们的能力的有效途径，如果我们因为轻视这样的工作而没有做好它，我们所期待的成功又从何说起呢！

因为看到我们这样的工作状态后，领导会觉得，这个人连这么简单的工作都做不好，那他还能做什么呢？因而，其他可能的机会自然不会轮到我们。相反,那些能够把自己的工作做得比别人出色、完美、准确,也比别人更热爱做精的工作的人,在成功的路上则多是一路绿灯,没有人能阻碍他的前进。

因此,无论是即将走上工作岗位的人,还是已经走上工作岗位,都要明白一个道理,当我们选择一份职业的时候,或者已经选择了一份职业的时候,每一件小事都必须成为自己关注的焦点,因为每一件小事都是我们可以走向成功的垫脚石,都是他人衡量我们能力的标准。

6.

检查不嫌多,就怕不检查

优秀员工永远只做检查的事,不做期待的事。与其说优秀员工是被逼出来的,不如说是被检查出来的更准确。对很多员工来说,就算规章制度、工作条例、岗位职责制定得再无懈可击,如果没有周围人和上级的定期不定期的监督检查,一切也都形如虚设,不会起到太多的实际作用。

上面没有有效的监督,下面就没有工作的动力。因为从本质上来说,人都是有惰性的。管理之所以成为必要,一部分原因也就在此。管理的主体是人,客体也是人,作为企业的一名管理人员,要真正调动员工的工作热情,提高员工的工作积极性,就要良好地运用起自己手中的激励和监督机制,调动好我们的指挥棒。

对于一家企业来说,管理要想做得好,不仅要建立起科学有效的激励机制,还必须要进行科学的实施和监督,使各项工作顺利进行。有效的激励机制能大大增强员工的工作主动性和热情。但光有激励是不够的,建立一个有效的监督机制,是让企业员工"动"起来的一个重要问题。

美国著名快餐大王肯德基国际公司的连锁店遍布全球 60 多个国家和地区，总数多达 9900 多个。然而，肯德基国际公司在万里之外，又怎么能相信它的下属能循规蹈矩呢？

有一次，上海肯德基有限公司收到 3 份国际公司寄来的鉴定书，对他们外滩快餐厅的工作质量分 3 次进行了鉴定评分，分别为 83、85、88 分。公司中外方经理都为之瞠目结舌，这 3 个分数是怎么评定的？

原来，肯德基国际公司雇佣、培训了一批人，让他们佯装顾客、秘密潜入店内进行检查评分。这些"神秘顾客"来无影、去无踪，而且没有时间规律，这就使快餐厅的经理、雇员时时感受到某种压力，丝毫不敢懈怠。

正是通过这种方式，肯德基在最广泛了解到基层实际情况的同时，有效地实行了对员工的工作监督，从而大大提高了他们的工作效率。而从这个小故事中，我们足以领教工作中进行监督的意义和重要性。

一日，在某乡镇煤矿上班的刘宇宁突然给自己的好朋友王英打电话，说自己违章被停工了。问其原因，他说是被"吓"违章的。当时，他正在井下聚精会神开绞车，突然，一群安全检查人员出现在他的面前，他一见到安监人员就紧张，竟然忘了操纵刹车装置，旁边的安监人员大声吼叫，才让他回过神来，但为时已晚，矿车已经下道，还差点撞伤一名安监人员。

这次事故似乎有点荒唐，有些不可理喻，但它确确实实发生了。那么，作为员工的他为什么害怕安全检查呢？也许监管人员是一个因素，但更重要的是其自身存在问题。可能是因为自己安全知识掌握不牢，检查人员一来，连自己违章没违章都心中无数，于是内心的焦虑变成了恐惧。

身正了自然不怕影子斜。对于员工来说，要想做到不怕检查，首先就应该深刻掌握各类安全知识，牢固树立"我要安全"的理念，工作随时照章办事，做到"平时烧好香"而非"临时抱佛脚"。

员工永远只做企业要检查的事情，对于企业期待的事情永远不会主动去做，或者用全力去做。因为很多没有进行考核的事项，或者说企业没有明文规定的事项,即企业能期望的事项,没有员工是重视起来的,更不要说做得多么好了,既然是这样,加强并优化绩效考核就显得非常重要。

位于广西玉林的玉柴机器集团,拥有 20000 多个员工,对于这样一家企业,如何清楚了解下面员工的工作情况并提高生产和管理效率呢?一番苦思冥想之后,这家企业采取了制度措施双管齐下的监督管理办法,即在生产过程中一旦有员工违反安全生产操作规程苗头的,小到员工手指贴"创可贴"都按章处罚当事人 2000 元,并扣发本车间或部门当月奖金每人 200 元。措施的严明,使员工之间相互监督,相互帮助。

到 2011 年 5 月份,玉柴机器集团已连续两年保持"零事故,零伤害,零损失"的良好纪录。据了解,玉柴集团已有 60 年的发展史,近年来该集团班子坚持"安全第一,预防为主,综合治理"的安全理念,夯实日常安全基础管理,结合自身实际,以构建保障体系为保障,开展安全化标准为手段的综合防控体系,建立了一套较为完善的安全管理机制,按照体系的标准,建立了 40 多个安全环境控制管理程序,把管理横向到边,纵向到底,在员工之间相互监督,相互帮助。集团还推行安全生产风险责任制,严格执行事故处理"四不放过"管理程序和安全事故超标一票否决评先评优权,层层签订责任状,全员交纳安全生产风险金,按所负责任的大小交纳 200～500 元,年底根据完成情况实施奖罚。比如某车间按月安全生产满分 100 分奖励 200 万,但如果车间在生产工作过程中安全生产出问题就扣分,并按 10 分折扣该车间奖金 20 万元。而对于员工在生产过程中出现的事故,哪怕小到手指出点血、贴上创可贴的事故也要扣 2000 元,并按责任分担下去。

对于 2011 年年内没有出现过任何安全生产事故的员工,则按交纳的风险金加倍奖励。由于奖罚分明措施到位,使玉柴机器集团公司形成了"生命至上,安全第一"的玉柴理念,从而创造了自 2009 年 5 月份以来到 2011 年的 5 月份连续两年保持"零事故，零伤害，零损失"的良好纪录。

对于企业管理者来说，若想让下面的员工将工作中要求的每一件小事都做好、做精，就应该配有相关的检查、监督制度。而作为一个企业管理者，无论其属于基层、中层，还是高层，都应该树立"检查不怕多"的工作理念，并在实际工作中，将所要求检查的事项进行随时检查。

作为企业管理者，也不能事无巨细，都要一一检查。聪明的上级会只对重点事项进行考核，各事项的分值就会比较高，就容易达到考核的目的。所以，我们在制定绩效考核时，只对重点事项进行考核就足够了，真正治理关键环节的关键事项才是管理之根本，才能达到考核的根本目的。

另外，管理者不能对于各项目的分值搞平均主义，而是必须要向考核事项中的重点事项倾斜，而且倾斜的幅度要大，真正体现不同事项的不同重要程度，达到考核的效果。

最后，对于每月考核的前几名和后几名，企业要进行通报奖惩，前几名和后几名可以是部门也可以是个人。我们知道，一个团队要实现较好的管理效果，在管理的结果上必须要有一些典型事件的树立，通过典型事件的树立做到前事不忘、后事之师。

有效的监督能从积极的方面促进员工更加努力工作。而对于一名想获得成功的员工来说，也不应该惧怕检查，更不应该嫌检查太多而心生抵触情绪。从另一种角度讲，领导的检查是促进自己专注小事、做好工作的一个重要影响因素。只要我们能够专心于自己所从事的工作，将工作做好，就算有再多的检查也不会成为我们焦虑、恐惧的理由。

第八章

提高效率、节约成本是走向成功的首要法则

企业要想在激烈竞争的市场中站稳脚跟，并永远领先于同行，就必须要求员工提高效率、节约成本。只有员工在工作中做出了实效，企业发展才能走上提高效率、节约成本的"双轨道"。对于员工的个人发展道路来说也是如此，提高效率、节约成本同样是员工职业道路的"双轨道"。

1.

好字当头，把工作做出实效

好字当头，把工作做得又好又快，做出实效，不失为好员工所为。但是好字当头，把工作做出实效，价值更高。为什么这么说呢？在日常生活和工作中，很多人都能够把事情做得又好又快，但是却忽视了做好某件事情的投入（即成本），往往等事情做好后，却发现得不偿失——成本过高。那么工作的结果还有多少价值可言呢？

试想一下，如果我们为了做好某项工作，所付出的远远超过了这项工作本身应该创造的价值，那么我们与《买椟还珠》那则寓言故事中的郑国人有什么差别呢？工作就算做得再好，也已失去了工作本身的意义，那么我们的所有付出不仅是白费力气，还为此付出高昂的成本，实际上损害了自己和企业的利益。

对于时下的企业来说，已经进入微利时代，员工在提高工作效率的同时，能够设身处地为企业效益着想，想尽办法节约成本，才算是真正把工作做出了实效。这样的员工才是企业最需要的优秀员工，也是老板最愿意聘用的好员工。

有两个年轻人，一个是高中毕业的杜峰，一个是初中毕业的尚春松。他们都是丰和电动工具厂装配车间的装配工人，非常凑巧的是两个年轻人在同一条流水线上做着同样的工作，都是给电动工具的一个部件上螺丝，只不过一个是上产品里面的螺丝,一个是上产品外壳的螺丝。

要说工作效率,杜峰和尚春松在他们各自的工位都是车间里做得最好最快的员工,因此,两人经常受到领导的表扬,而且备受主管关注和重视。车间里的同事非常看好这两个年轻人,都说他们将来在厂里肯定有很大的发展空间。

但是,渐渐地,主管发现尚春松更优于杜峰。他注意到自从尚春松坐上9号工位后,螺丝钉领得少了很多,而且气动螺丝批的钻头也领得很少,另外别人的生产工具三天两头坏,他的生产工具用了一年多了,从来没有修过。

主管觉得这太不可思议了,他没有直接找尚春松问明原因,而是暗中"跟踪"。经过一个多星期的调查,他对尚春松不仅刮目相看,还佩服得五体投地。

原来,尚春松在自己的工位上准备了三个小盒子,第一个小盒子放新领的螺丝,尚春松称之为"正品";第二个盒子放与产品不太配套的螺丝,尚春松称之为"次品";第三个盒子放已经报废的螺丝,尚春松称之为"废品"。

尚春松在操作中还养成了一个习惯性动作,把那些装配过程中的次品螺丝和废品螺丝很准确地就抛落到了对应的盒子里,而且他还总是先试用一下那些"次品"螺丝,这使得大部分的次品螺丝在"再利用"过程中,一般都能用掉。做完这些工作,丝毫不会影响他的工作效率。尚春松还坚持每天下班之前,都把洒落在四周的个别螺丝全都捡起来,拿到仓库去交给仓管员。

主管发现尚春松在使用气动螺丝批时也与众人不同。他在自己拿螺丝的那只手的大拇指上绑了块纱布,上面擦了些机油,每上10个机组左右,他就会习惯性地用大拇指擦一下钻头,这样钻头就不容易磨损了,而且纱布上的机油染在螺丝上,螺丝润滑了也特别易于推进。

主管不由得感叹:"难怪他前面的工位供应不上他的需求,他后面的工位又吃不消他的供应了!"主管再拿他和杜峰比,他觉得杜峰根本没法与他相提并论，尚春松不仅做到了好字当头，把工作做出了时效，还做出实效，为公司节约了大量的材料，并且工作效率达到了别人的1.5倍。

主管觉得自己应该为这个年轻人、为公司做点什么才对。于是，他把尚春松的"事迹"报告给了厂长，厂长非常高兴，马上就约谈了尚春松。尚春松不仅就自己的工作作了详细的、合理性的解释和说明，还对如何提高生产效率、节约成本提出了自己切实的建议和看法。

尚春松得到了厂里的重用，并实施了很多关于提高工作效率、节约成本的管理制度及生产工艺流程，为厂里的效益增长起到了举足轻重的作用，成为了厂长最得力的助手，同时也为自己争取了大量学习和实践的机会。

五年后，在工厂向公司转制的过程中，他被正式任命为总经理。而当初一起进厂、同样优秀的杜峰，此时只不过是装配车间的一个班长。这样的结果是让工厂里的每一个人都大感意外的。

大多数员工认为自己埋头苦干，比别人做得多，做得快，就是将工作做好了，就能受到领导的重视和提拔。其实不然，就算你和杜峰一样已经做得很好了，也不一定是最后的赢家。除了工作效率和工作质量要比别人好之外，还要懂得为企业节约，因为在厉行节约的过程中，还会像尚春松一样提升工作技能和工作质量，达到时效与实效双倍的效果。

在职场取得成功的大部分是从生产一线成长的员工，他们不仅能吃苦耐劳，尽心尽职将工作做好，还会开动脑筋从各个方面为企业节约开支，比如说像尚春松那样从工作中摸索、创新工作方法，从细微处入手，结果不仅为企业节约了成本，还为自己谋得了更宽广的发展空间，最终获得了让人大感意外的成功。

所以说，作为企业的员工，做好工作不仅是要做出"时效"，还要做出"实效"，在工作中"又快又好"地为企业增收节支，那么，晋升和成功的机会肯定非你莫属！

有些员工会为难地说："天啦，我已经很努力了，也已经将工作做到自己最大限度的好了。这还不够吗？还要怎么样才叫做出了实效？这实在是太难了！"

真的太难了吗？你稍稍注意一下你身边那些不断进步、获得了一个个成功的同事和领导，他们中的很多人都不比你会做事，也不比你的工作做得好，但是，有不少人却能在工作中为企业"精打细算"，用心观察工作的规律，发现工作中的问题，并积极主动、及时有效地解决这些问题。

比如说当大家都花一个小时生产 100 个产品时，而且产品的合格率都差不多的情况，那么每一个人做得再好，水平都差不多，都最多只能算是一个合格的好员工，只能说工作达到了标准。

如果你想突破这个平局，从中脱颖而出，那么就要刻苦研究，找到一个小时生产 150 个甚至 200 个产品的方法，力求合格率达到 100%。当然啦，还要发现可以节约成本的"余地"，那么，你也一样能步入成功的队列，走上一条属于自己的成功之路。

人们常说"说起来容易，做起来难"。对于企业的员工来说，却是"说起来难，做起来却容易"。为何这样说呢？你看，上前举的这个例子可见一斑，说起来实在是费劲又绕弯，要简而言之的话就是"熟能生巧"。

陈肃公擅长射箭，在当时没有第二人能与他相比，他也凭这种本领自夸，在当时受到了很多人的膜拜和赞美。

他曾经在家里射箭的场地练习射箭，有个卖油的老人放下担子，站在场边斜着眼看他射箭，很久也不离开。看见他十箭能射中八九箭，却只是微微地点了点头。

陈肃公问老翁："你也懂得射箭吗？我的箭法不是很精湛吗？"老人说："这没有别的奥妙，只不过是手法熟练罢了。"

陈肃公气愤地说："你怎么敢轻视我射箭的本领呢！"

老人说："凭我倒油的经验知道这个道理的。"

于是老人就拿出一个葫芦放在地上，把一枚铜钱盖在葫芦口上，慢慢地用油杓舀油注入葫芦，油从钱孔注入，但钱币却未被打湿。所以老人说："我也没有别的奥妙，只不过是手法熟练罢了。"

陈肃公被老人轻松自如的做法惊呆了，本来是想责训老人一顿的，不想反被老人教导了一番，无奈之下只得打发他走了。

北宋名家欧阳修通过这则寓言故事，形象地说明了"熟能生巧"、"实践出真知"的道理。这则寓言故事引用到现代人的生活和工作中，同样适用，而且更具有现实意义。

没有人聪明到天生就能把工作做得又好又快，也没有人一生下来就注定会获得成功。唯有在不断的勤奋努力中反复操练，从实践中一点一点地积累经验，总结经验，才能"熟能生巧"。

所以说，要将工作做好，并且做出时效和实效一点都不难。看了卖油翁的"高超技艺"一点都不输于陈肃公百发百中的箭法，你就应该知道，只要你想，你努力去做，你也一样能成为一个能掌握成功法则的人！

2.

为企业创造利润，为自己赢得成功

21 世纪什么样的员工最值"钱"？对于这个问题，老板们很现实的回答是：能为企业创造利润的员工，最好是能创造最大利润的员工。利润的最大化是所有企业的终极追求，更是每一个老板事业规划的总目标，因为没有利润，企业就不可能在市场立足，更不可能在市场竞争中胜出。

所以对企业而言，为企业创造利润的员工，才是老板心目中最有价值的员工。同时，员工在为企业创造利润，也是在为自己赢得成功。任何一个老板都会重用为企业创造利润的员工，任何一家企业都会乐意给能为企业创造利润空间的员工成功的机会。

提高效率，为企业降低时间成本、人工成本等不失为为企业创造利润的好方法，而在工作过程中从节约物料方面为企业创造利润，是最直接的方法。除此之外，还有更妙的方法，不仅能提高效率，还能节约更多成本，为企业创造更多更大的利润。

卢玲玲在一家新开的品牌服饰专卖店当营业员，她对工作非常认真负责，而且对顾客热情大方，服务也很细致入微。很多顾客都成为了这家专卖店的"回头客"，并且还成为了她的朋友。

她不仅能够发现顾客的需求，还能"唤起"顾客的需求，促成顾客一次购买更多的服饰。只要是卢玲玲当班期间，营业额就一定是最高的，而且有些服饰还会卖到脱销，为专卖店创造了不少收益。她也因此备受老板的欣赏，并且每个月都能得到丰厚的嘉奖。

有一次，一个顾客挑了一条标价 89 元的促销领带，卢玲玲边称赞顾客边说："先生，您真有眼光，这是我们店最近才进的新款，而且是限量版，原价是 198 元，现在作为新款推广价，你才花了 89 元。您真是太幸运了，今天买到也算是赚到了呢。"

顾客听她这样说，喜悦之色露于欢颜，他高兴地说："过几天我就要去拜见一位重要人物，刚好我有套西装很适合出席这次的场合，但是家里没有合适的领带配这套西服。"

卢玲玲听罢赶紧问："先生，您的西服是什么颜色的呢？"

"藏青色。不过我在想，搭配那件藏青色的西服是最好的吗？"顾客说，"你可以帮我参考一下吗？这次的拜会，对我来说太重要了，可不能出半点差错。"

"先生，我认为另一款领带更适合您的藏青色西服。"卢玲玲一边说着一边抽出了两条标价 189 元的领带，认真地说，"虽然这款贵了 100 元钱，但是价值却更高，因为它的原价是 398 元的，现在刚好也在促销活动期间。要比档次和颜色，这两款领带更能显示出您的气质。"

"你真有眼光，这两款的确更适合搭配我的那套西服。太谢谢了！"顾客点着头说，并且把领带收了起来。

"再看一看这些衬衣吧，为您的领带找一个合适的伙伴！"卢玲玲边说边走到衫衣展示区。

"你的建议非常好，可是我没有找到想买的衬衣。"顾客在卢玲玲的引导下来到衫衣展示区，有些遗憾地说。

"可能是您没看见多大的、什么颜色的衬衣才符合您的需要。"卢玲玲在顾客还没完全反应过来时，就已经拿出了四款不同颜色的衬衣，单价为每件 689 元。

"先生，摸一摸这衬衣吧，感觉应该还不错的！"卢玲玲边说边将衬衣摆在了顾客面前。

"是的，很不错，而且每一件都不错，很适合我。"顾客高兴地说，"尤其是这件白色的衬衣！"

顾客看了一下标贴上的标价，有些犹豫不决了。卢玲玲见状说："先生，我可以给您打 88 折，打完折后是很划算的。您是个有品位的男士，这款衬衣与您的气质实在是太相符了，错过了这次机会，那就是太遗憾了！"

顾客想了想说："我想买下这其中的两件衬衣，这件白色和那件蓝色条纹的。可以打 8 折吗？"

卢玲玲做出为难又很想帮助顾客的样子说："这样吧，我打电话问一下老板，看能不能给您打 8 折。"

于是卢玲玲拨通了老板的电话，恳请老板能满足顾客的心愿，挂掉电话后，卢玲玲惊喜地告诉顾客："先生，您真是与我们老板太有缘了，他竟然说给您打 78 折，您真是个幸运的人！"

顾客听她这样说真是喜出望外，非常爽快地买下了 1540 元钱的东西（卢玲玲主动为他抹去了零头）。顾客对卢玲玲的服务非常满意，他表示以后会经常来这里买衣服的，临走时还留下了电话号码，希望店里来了新款及有促销活动及时发短信通知他。

一年时间，这家新开的品牌服装店就在市里最繁华的街面站稳了脚跟，并且生意越做越红火，这与卢玲玲的出色表现是分不开的，她为这家服装店创造了丰厚的利润。

又过了一年，老板在新城开发区开了一家分店，他将新店交给卢玲玲全权负责，提升卢玲玲担任了店长，并且将分店 10% 的股份赠送给了卢玲玲。这个连初中都没上完、从农村出来的女孩，短短两年时间，就在城市里拥有了自己的事业。

大家都知道无论开什么店，最怕的是货品积压，卖得慢，甚至卖不动，无形之中就会增加成本，降低资金周转率。对于商店来说，东西卖得越快，资金就回笼越快，那么各项成本就越低，利润自然就越高了，商店才能站稳脚跟，持续经营下去，甚至开出更多的分店、连锁店，利润就会像滚雪球一样越滚越多。

能为商店实现利润快速增长的不是别人，而是像卢玲玲这样的店员。她不仅仅是让 89 元的花结出了 1540 元的果，为专卖店实现了利益的最大化。这样一个有着潜在的价值开发能力的员工，相信任何一个老板都会把他奉为手中的"宝"，任何一家企业有了这样的员工，就如同"胜剑"在握了！

卢玲玲无疑是老板眼中最有价值的员工，所以坚信她能独当一面，成为事业上的合作伙伴。如果你也想成为像卢玲玲一样的员工，那么，首先成为能为企业创造利润的员工吧！在为企业创造利润的过程中，不仅你的才华、你的能力等得到了最佳的释放和施展，而且还体现了你的职业道德和职业操守。所以，当你为企业实现了利润最大化时，你也当之无愧地为自己赢得了成功。

3.

节约能够实现企业和员工的双赢

石油大王洛克菲勒的成功令世人瞩目，也令越来越多的人敬佩他，并向他学习。有人说他的成功是偶然，有人说他的成功是必然，也有人说他的成功是运气……无论是哪种原因使得他获得了在别人看来是人生最大的成功。其实根本原因只有一个，那就是他厉行节约、精打细算造就了他的成功人生。

他一生至少赚了数十亿美元，可以算得上是当时的全球首富了，但他的日常花销极为节俭。当初因为他节约"一滴焊接剂"，而一年为公司节约近5亿美元，创造了石油史上的"神话"。他个人也因为这种以身作则的节俭精神，带领全体员工自发节约，才成就了美孚公司，使其成为雄踞全球的石油巨头。可以说，洛克菲勒一生克行节俭，是实现了企业与员工的双赢的重量级标杆人物。

其实,像洛克菲勒这样的著名人物的成功,也是从一些细微之事做起的,他们中的很多人和我们一样在平凡的工作岗位上从事着平凡的工作。只是大多数人的眼里只有大事,认为只有做好了大事,才能为企业创造更多价值,从而获得个人的成功。

事实上,很多成功人士走过的道路都是相同的,而且成功的方法也如出一辙,大致相同。只要你稍加注意,在工作中稍稍注入一点耐心,再加上一点用心,很容易就能做到。你不妨试试,将你身边的那些小事做好,同样能达到事半功倍的效果,为企业节约大量的人力、物力和财力,实现的却是企业和员工的双收双赢的好成果。

1995 年,谭丁刚从上海大学毕业,她正好碰上了沃尔玛公司开始在中国筹备分区,她抱着试试的心理,成为了这家世界上最大的企业中的一员。

很多朋友和同学对她这样的选择并不理解,他们认为谭丁应该进入一些发展势头较好的公司,成为职场白领丽人,而不是一名普通的采购员。但是没想到的是,她这一试,给自己的人生带来了巨大的变化和成就。

由于没有采购工作方面的实践经验,刚开始时,谭丁工作得一点也不顺利,但是,她始终坚持一个原则——为企业争取最大利益。因为她知道采购成本能不能控制下来,直接关系到公司的卖场在中国市场能否立足。

谭丁非常勤奋刻苦地学习,并且在工作中不断摸索方法。很快,她就在工作中迅速积累经验,学会了如何与人谈判,同时注意把握一种双赢原则,即站在公司的角度考虑问题,也站在供货商的角度思考问题,在两者之间找到平衡点和制约点。这样,她很快就打开了采购工作的局面,不仅为公司节约了大量采购成本,还与供应商建立了良好的合作关系。

谭丁的采购工作为公司提升了巨大的市场竞争力,她的工作业绩很快就得到了上司的首肯,并且她也因此从一个普通的采购员不断晋升，直到成为总商品经理。

如今，谭丁已经补列入沃尔玛的 TMAP 计划培训名单，这个培训计划是为了培养企业接班人，可能是上一级主管，也可能是更高的管理层。

在同事们的眼里，谭丁的发展空间还有无限大，就连当初不看好这个工作的朋友和同学也对她刮目相看。

沃尔玛公司之所以能够在激烈的市场竞争中站稳脚跟，成为大赢家，原因之一就在于公司有大批像谭丁这样懂得实现企业和员工双赢的员工。在沃尔玛公司，他们不管是管理者还是一般员工，无不齐心协力，为企业节约每一分钱，最终使他们与身边的朋友、同学比起来，总是要先成功一步。

那么我们就来说说沃尔玛节约的那些事吧。

沃尔玛自 1950 年成立至今，短短 60 年的时间，已经发展成为世界最大的零售企业。时至今日，它已经在全球多个国家和地区拥有数千家连锁店，销售额年年都在迅猛增长，这绝对是世界零售行业的一个奇迹。而且这种增长势头还在以无法估测的速度飞速发展。

在美国《财富》杂志每年一次的全球 500 强排名中，沃尔玛已连续多年位列第一。沃尔玛之所以能够在《财富》排行榜上名列前茅，并且誉满全球，完全有赖于它的"全球最低价"策略，这也是沃尔玛的核心竞争力。

在沃尔玛的超市里，大到珠宝首饰、家用电器，小到布匹服饰、玩具药品，还有各种日常生活用品等，应有尽有，而且它不仅为顾客提供了同类超市无法提供的低廉价格，还没有因价格便宜而降低质量。

那么既要以"帮顾客节省每一分钱"为经营和服务宗旨，又要"实现利润最大化"，两者并行不悖，沃尔玛制胜的秘密何在？

其实，没有外界传言的那么神秘，也没有人们津津乐道的玄机。沃尔玛只是始终坚持、贯彻了成本费用的节约理念。

沃尔玛在厉行节约方面可以说做到了扫除每一个浪费的死角，大到采购成本，全体采购人员无论是像谭丁这样的总商品经理，还是普通采购员，哪怕是见习采购经理或采购员，都要想尽办法为公司采购到最便宜但质量又上乘的商品；小到一张复印纸，公司明文规定所有复写制必须双面使用，严禁浪费，违者重惩，就连其工作记录本，都是用废纸裁成的。

几乎所有的公司办公室或办公区，尤其是经理、总经理等管理层的办公室，都是极豪华、气派的。然而，在沃尔玛公司，办公室都设在经营区的某个小角落里，总经理、常务经理等领导的办公室只是用文件柜或桌子隔出来的一点位置。一般这样的办公室的配置是2个秘书、2个行政工作人员、4位副经理、1位总经理或常务副总。

除此之外在沃尔玛公司，你看不到一个"闲人"，上至总经理和副总，下至普通职员，工作时间都非常忙碌。所以，办事效率高、节约了大量的时间成本，同时也提高了对顾客的服务效率。

沃尔玛的管理费用仅占公司销售额的2％，这在同行业内已经是最低限度了。虽然如此，公司却培养了大批像谭丁这样的优秀人才。

沃尔玛的崛起实现了企业和员工双收双赢的成果。因为其近乎苛刻的节约精神，不仅造就了大批像谭丁这样的优秀人才，也为所有员工提供了个人发展的空间和平台。同时，还为企业赢得了前所未有的发展和美好的愿景。

在沃尔玛，从创始人沃尔顿到各国区域总裁，从全体管理层到基层员工，无不秉承公司的节约精神，始终克勤克俭，发扬企业的节俭良风。由此以来，已经扎根成为其企业文化，从而为企业赢得了竞争优势，使其几乎一直领先于所有同行，甚至全球商界。

但凡那些能够排名世界 500 强的企业，都有着节约的企业文化，其员工都有着节约的良好习惯及优良品质。由此可以，无论是成功的企业，还是成功的员工，两者都有着共同的成功之道。这些成功之道不仅非常简单，还很容易就能做到。只不过有的企业坚持了节约的原则，有的员工在不懈努力去做，最后才有了企业的崛起，最终才有了员工个人的大成功。

在市场和职场竞争日益激烈的今天，只要秉承着节约的精神，从小处着手，从细处做起，处处为企业利益着想，企业才能立于不败之地，员工才能拥有更美好的前程，才能在职场笑傲群雄。

所以说，节约不仅是一种习惯，还体现了一个人的品质。如果你是一个懂得节约的人，尤其是在工作中能花企业的钱像花自己的钱一样精打细算，你为企业节约的每一分钱，不仅是在为企业增加利润，还是在为自己的成功加分。

4.

不会节约的人，已经失败了一半

俗话说："吃不穷，穿不穷，算计不到就受穷。"说的就是小处不节，大处必浪费，那么有再多的钱财，终有一日也会受穷。对于居家过日子来说是这样，对于企业来说更是如此。企业好比一个大家庭，每一个员工都是这个大家庭的一员，只有人人都齐心协力，养成节俭的习惯，懂得为企业节约，这个大家庭的日子才会越过越好，你的人生也将越来越成功。

人们都知道"成由俭，败由奢"的道理，然而在现实生活和工作中，却不是人人都能做到的。能够做到勤俭节约的人，大多是那些能够在任何环境和条件下都能获得成功的人。而那些不会节约的人，总是小钱看不上,大钱又挣不来,想要获得成功的机会几乎是"零"。因为厉行节约、精打细算,能造就一个人的成功,同样地,不会节约的人,无论什么事情,处于什么环境,从一开始就已经失败了一半。

　　曹辉和马刚是大学同学兼好友,大学毕业后一同来到了深圳,刚好赶上一年一度的应届毕业生招聘大会。

　　那天一大早,他们俩带着准备好的简历,在路边摊吃了早点,就匆匆向人才市场出发。他们来到人才市场时,只有少数几家招聘单位的招聘人员陆陆续续往大楼里走。

　　曹辉和马刚一前一后紧跟着走进了大楼一层,刚进大门,两人几乎是同时发现一枚1毛的硬币不知道被谁遗落在了地上,此时显得格外耀眼,它似乎期待着他们中有人将它捡起来,不再被人们踩来踩去。

　　曹辉视若无睹,走了过去。马刚停下脚步,弯下身子,郑重地拾起了1毛硬币,好像中了头彩一样,放进了自己的口袋。

　　曹辉见状说笑道:"兄弟,1毛钱连颗糖都买不到,捡来有什么用啊? 你不怕有人看见说你穷得连1毛钱也看得上眼啊?"

　　马刚笑了笑说:"1毛钱也是钱呢,出门在外,要是差1毛钱,连个包子都买不到!"

　　曹辉听后,摇了摇头说:"兄弟,别说这么没志气的话,我就不曾想会有穷得买不起一个包子的那一天!"他觉得马刚连1毛钱都看得上不说,而且还说出这样没出息的话,就打心里看不起马刚。

　　马刚说:"积少成多嘛。我经常会一天捡到10个甚至10个以上的1毛硬币呢。正是因为大家都觉得1毛钱不值得珍惜,我才能积存到1元钱之多。"马刚却不这么看,他认为没有1毛这样的"小钱"的积累,就不会有1元、10元、20元直至100元这样的"大钱",他反而津津乐道,觉得曹辉太不懂珍惜了。

　　……

曹辉和马刚边"火拼着"1毛钱的不同价值观，边向二楼的招聘现场走着。这时有人叫住了他们："小伙子，请留步！"他们循声看过去，是一个50上下的男人，看样子是一家公司的面试官。

曹辉和马刚很有礼貌地说："您好，请问有需要帮忙的吗？"

"你是哪个学校毕业的？我是16号招聘席的面试官，我们公司正在招采购助理和经理。我无意间听了你与这位同学的对话，觉得你很符合我们公司的要求。"这位应试官伸出手握了一下马刚的手，诚恳地说，"有兴趣的话一会儿去我的招聘席找我吧！"

曹辉和马刚来到了招聘现场，这时已经有大部分招聘单位的招聘人员已经落座于招聘台，但是来应聘的人还没有到多少。

马刚提出去16号招聘席看看，曹辉却认为应该趁着人少，先了解一下招聘行情。因为即使有的招聘单位还没到场，招聘席上已经挂好了招聘牌，上面已经清楚地写着要招聘的职务、人员及要求。

曹辉心想或许还有更好的呢，找工作也像买东西一样，还是"货比三家"更稳当。于是，他开始一个单位一个单位地查看自己想要应聘的职务，心里盘算着哪家公司更适合自己。

而马刚则直接来到了16号招聘席前，递上了自己的简历，与面试官交谈了起来。面试官说："你能明白1毛钱的价值和意义，这种节约意识太难得了。不用多说，我觉得你一定能做好自己的工作！"

"可是，我没有工作经验，但是我会像积攒1毛钱那样，在实际工作中一点一点积累工作经验的。"马刚很实在地说。

面试官给马刚留下了电话号码和公司地址，并告诉他："你已正式被公司录用了，明天就去公司报到吧！"

接着面试官又问他："与你同来的那位同学呢？"

马刚说："他叫曹辉，他想先了解今天招聘现场的行情，多进行一些对比,这样或许可以选择到最适合自己、待遇等方面更优越的公司。"

这次的招聘会上,曹辉和马刚都找到了自己满意的公司。第二天,两人就去各自的公司报到,不想两人去的是同一家公司。

原来这家公司在人才市场租用了两个招聘席,真是机缘巧合,误打误撞,两人又成了同事。不同的是,马刚直接被任命为公司的采购部经理,而曹辉只是个采购助理。

在现实生活和工作中,曹辉和马刚都是极具代表性的人物,尤其是时下的年轻人,大多是像曹辉这样的"不苟小节"之人,虽然其中也有些会像曹辉这样"货比三家",实际上是眼高手低的表现,并不能堪当大任。

因为他们"高瞻远瞩"的不是企业的利益,而是个人利益。虽然他们也会勤奋努力工作,却极易犯小钱看不上、大钱赚不来的毛病,在职场难以取得圆满的成功。

只有像马刚这样的人,虽然让人觉得"没出息",甚至很多人对他们的节约行为嗤之以鼻,却是企业真正需要的具有务实进取精神的员工。有可能他们看起来并不是很有才能,却可担当大任,先于前者赢得人生的成功。

因为他们在生活中已经养成了节约的习惯,有着极强的节俭意识,所以不用领导和老板要求,他们会自觉自愿、积极主动地为企业节约成本、提高工作效率,是企业不可或缺的员工。

其实,我们只要稍加留意,街面、楼道里,甚至自己的家里,随处都可以看到因被人们忽视而遗弃的 1 毛硬币。大多数人都认为 1 毛钱实在是太不值得珍惜了,几乎没什么用处。真的是这样子的吗?

对于现代人来说 1 毛钱在货币单位里实在是不值一提,但是莫要忘了"滴水成河"的道理,这 1 毛钱就是江河里的一滴水,没有了小水滴的积累,哪有江河的汇聚!如果换个角度来看待 1 毛钱,有谁还能说百元大钞不是由 1 毛钱积累而来呢?

微利时代的到来，节约必须从1毛钱开始，唯有这样才能积少成多，为企业创造上万甚至上百万、上亿之多的利润空间，使企业在市场竞争中生存、发展、壮大。所以，对于职场人士来说树立节约意识势在必行，因为1毛钱与你成功的机会是成正比的。

如果，你要是想在职场比别人成功得更快一些，那么，就要在日常生活和工作中培养自己处处节约的良好习惯。因为不会节约的人，从一开始就已经失败了一半。相信，无论是在生活还是工作中，没有人愿意、也没有人甘心因"1毛钱"而落后别人一大截。更多的人更愿意因为"1毛钱"而从一开始就成功了一半！

5.

没有效率的工作是最大的浪费

21世纪，企业竞争赢在效率，效率越高，人力、物力、财力的浪费就越低，利润率就越高，几乎可以达到老板所期望的最大化。提高工作效率是每一家企业、每一个老板的终极追求，可以说没有效率，就不可能有效益，没有效益的企业迟早面临的是关门大吉。

企业的利润就这样在无形之中，被员工没有效率的工作消耗殆尽。提高工作效率不是当一项工作任务10个人无法按预期完成时，就极力增加人数，而是将一项需要10个人完成的工作任务，减到8个人，甚至5个人也一样能按预期完成，这才实现了最大限度的人力、物力、财力上的节约，从而为企业实现了效益的最大化，那么企业和员工的发展空间才会越来越宽广，愿景也会越来越美好。

台塑集团董事长王永庆曾说："一份工作，如果只需5个人就能完成，但却聘用了 10 个人,这所造成的影响,不光只是这个单位多养了 5 个人而已,极有可能导致这 10 个人集体失业。"

这是大实话,很多企业和老板都有深切的体会。事实证明,完成某项工作任务时,人员越多,不仅各项成本会剧增,而且最糟糕的是办事效率会越低,工作根本就做不出时效和实效,这样的工作结果是以企业和员工"两败俱伤"为代价的。

最近,鑫盛公司接了几笔大单子,按照目前公司的生产力来说是完全能以低成本高效益的方式完成这几笔大单,使公司实现飞跃式的发展,甚至一举成为行业的前三名。

然而,这几笔大单子在数月之后,成为了鑫盛公司的"催命符",公司不仅没能实现空前绝后的发展,还因此一蹶不振,由原来行业内的前 10 名,排到了倒数第三名,公司面临着倒闭的危险。

那么,是什么原因将一个发展形势大好的公司"拖入"了绝境? 又是什么原因让一场胜券在握的战争转胜为败?

说来话长,原因却很简单、浅显。接到这几笔大单后,老板和公司管理层没有将重心放在提高生产力,实现生产力提升工作效率,在现有的人力、物力、财力条件下,实现高效工作。

为了赶工期,他们不仅扩招了一倍之多的工人,而且还新增了一倍的机器设备,这样一来成本暴增了何止一倍之多呢? 原来是 120 名工人,一年的产值也就 2 千万左右,加上各车间的机器设备充足,工作起来也很轻松,管理上也很松散,虽然工资不是同行业内拿得最高的,也不是最低的,应该在中上游,但公司实行的是包吃包住,工人的日子可谓是赛过"神仙"。

另外,因为当时同行业的竞争不如现在这样激烈,产品价格为公司实现了可观的利润,所以也掩盖了整个公司工人效率极其低下的真相。

在市场竞争日益激烈后,公司之前的底子厚,加上公司拥有行业的几个最大的客户，相形之下，竞争的影响还没有到负面的程度，这使得老板和管理层没有危机意识，"小日子"过得还是蛮滋润、得意的。

盲目地扩大生产规模，最终让鑫盛公司付出了惨痛的代价。很快公司在资金周转上出现了问题，客户付的订金根本不够支付材料采购、工人工资等，而且由于人员和机器设备的突然增多，管理上出现一片混乱，所以工作效率和工作质量可想而知了。

虽然订单勉勉强强交了差，公司却大伤"元气"，从此退出了行业内的"10强"，缩减了1/4的规模，沦为了以配件加工为主的小作坊。

若干年后，该公司老板偶遇一位企业管理学家，无不感叹地说起当年之事，始终想不明白自己错在了哪里，他认为是自己的运气太"背"。

企业管理学家笑了笑说："您的运气太好了，只是您没有把握住大好时机。如果当时，您和您的管理团队想办法让120人创造4千万甚至6千万的产值，情形就不一样了。问题是2千万的产值实际上只需要60人甚至30人就能创造了，您却用120人来做。"

管理学家喝了口茶继续说："还有设备和生产工艺，您没有注意到这样的精工单品生产，不适合采用流水线式的生产。你的工人已经懒惰成性，流水线式的生产，对于他们来说如同吃大锅饭。还有流水线式生产的设备设入、厂房占地等都需要大笔的资金垫底，这些都是效率低下、成本暴涨的诱因。"

老板惊讶地看着管理学家，沉痛地说："唉！当时，没有人意识到后果的严重性，我们公司120多人没有一个人想到哪怕一点点关于效率和成本的事，如果有一个人想到了，也许公司就不会落到这般境地了。"

　　人力资源和设备生产力的浪费是大多数企业存在的问题,因此造成的没有效率的工作,正吞噬着辛苦劳作的成果。其实,很多企业都像鑫盛公司一样,在行情看好时不懂得居安思危,在机会降临时没能抓住机会,结果机会变成了"灾难"。

　　作为企业的一员,如果能看清大局,不把眼光局限在工资和福利待遇上,而是将企业利益与个人利益相结合,在工作中主动补位,发挥自己最大的潜能,实现高效工作,那么企业就能够集体实现不断提高效率,有效减少人力资源成本,充分利用机器设备,为企业创造更多利润。最终实现的不仅仅是企业的发展和成功,同时也是自己人生的成功。

　　没有效率的工作不仅使企业"伤不起",更让员工"伤不起"。对于员工来说,没有效率的工作浪费的是他对工作大量的付出和投入,这些付出和投入对于个人的生命来说就是最大的浪费。这种浪费,消磨的是一个人的光阴,还有人生成功的机会。对于一个人来说,还有什么比这两样东西更有价值、更有意义的呢?

　　相信,每一个人都希望能通过自己的辛勤工作,获得成功的人生。那么实现这一理想的前提是,你必须想办法让自己成为一个高效能员工,让自己的工作为企业实现最大化利润。我们可以从以下几个方面入手,让自己做的每一份工作、每一件事情都产生最大的价值和意义。

　　(1)用最短的时间,做最多的事情;

　　"工作时间越长,说明工作越努力"的说法已经过时,因为一个人努力工作的时间越长,效率就越低。

　　比方说一个员工在一项工作或一件事情上花了大量的时间,也许这项工作或这件事情做好了,但是其他的工作和事情就会被忽略、被拖延,带来的将是更高的时间成本。

　　我们要将工作做得又快又好,就必须要懂得用最短的时间做最多的事情,工作才会出成效,工作的价值才会最大化。

　　(2)用最少的人,做最多的事情;

　　事实证明,无论是一项工作,还是企业的日常生产经营活动,人越多,简单的事情和问题越会复杂化,就变成了用最多的人做最少的事情。

这种本末倒置的做事方式，只会使大量的人力资源得不到充分的利用，大部分的员工并未真正地创造效益。这样的后果可想而知，企业将为此付出高昂代价，甚至为此尽折腰。

一个有补位意识的员工，懂得将自己的工作效率提到最高，主动配合企业实现用最少的人做最多的事的目标。当你这样去做时，必然会得到老板的信任和重用，你也会因此成为企业不可替代的员工，甚至成为企业的核心管理人员。

(3)用最少的财物，办最多的事情；

一个会办事的员工，不仅会处处站在企业的角度考虑办事的成本，还处处为企业利益着想，想尽办法为企业节约物资。这也是提高工作效率的一种表现形式和途径。

任何一家企业、任何一个老板都喜欢、重用这样的员工。因为这样的办事原则，不仅体现了一个人的才能和良好习惯，还体现了一个人的道德品质和职业操守。

在很多企业，有不少员工认为企业是老板的企业，企业的发展与自己无关，于是在工作中要么总是做些损人不利己的事，要么总是做些损人利己的事，让企业为此付出巨大代价。

殊不知，这样做的结果不仅害的是企业，更害了自己。无论是损人不利己，还是损人利己，只要你这么去做了，哪怕是一件事情，也将被贴上"无德"的标贴。

你的才能再大，再能干，只要被贴上了"无德"的标贴，只怕此生已与成功无缘了。所以一个真正优秀的人才，一定懂得用最少的财物，办最多的事。

6.

让"在岗"的时间，全都是"工作"的时间

学历不高、其貌不扬的张世玲，是一家房地产公司的电脑打字员。她的座位刚好和老板的办公室面对面，只要她稍稍抬头，就能透过办公大厅与老板办公室之间的玻璃，看清老板的举止。

当同事们都以此来判断老板是否在"监视"他们，并忙里偷闲地上网聊天、浏览网页、接打私人电话等时，张世玲从来不会去在意老板的"监视"，她把自己在岗的时间，全都利用起来处理工作了。

她知道自己唯一可以和别人一争长短的资本就是她认真工作的态度，还有不断提升的工作效率和工作能力，在上班时间为公司做更多的事情。她总是做完自己的工作后，还主动去帮助同事，对同事的求助也是有求必应。

另外，张世玲还处处为公司精打细算，不舍得浪费一张纸，所有的纸张，她都会两面都用过了才扔掉。她从来不用公司的一次性水杯、不用公司的电话接打私人电话，就连纸巾也是自备的，她还每天最后一个离开办公室。离开办公室前，她总是要检查好洗手间的水龙头是否关了，是不是所有的灯都已经关掉，还有空调是否仍然开着等等。

一年时间，张世玲积累了丰富的工作经验，尤其是在房地产营销策略和市场分析上，她有了自己独特的见解和方案策略，而且她勤俭节约的良好习惯深得老板的赏识。

最让老板欣赏的是张世玲不仅具有主动工作精神，还有她对上班时间的充分利用和补位意识，任何事情到了她的手里，她都会尽全力去做，工作上几乎没有出过任何差错，并且做到日事日清。老板对她做事越来越放心，渐渐地很多重要的事情也交给她来做。

一年后，公司在资金上出现了困难，员工工资开始告急，人们纷纷跳槽，最后，办公室的工作人员就剩下她一个了。

老板问她为什么没有走，张世玲说她相信公司的困难只是暂时的，因为所有的房地产行业都因为国家的宏观调控受到了同样的影响和困扰。

老板很惊讶于她的看法，他没想到平时不起眼的张世玲竟然对房地产方面的"大事"有如此见解。张世玲接着说："虽然您有1000多万的资金压在了工程上，成了死钱，但是我们还有金水湾的几十套公寓啊，如果这个时候能卖掉，公司不仅能起死回生，还能大赚一笔！"

在张世玲和老板的努力下，几十套公寓三个月时间全部销售完，公司拿回了5000多万资金，不仅全盘皆活了，还在房地产行业站稳了脚跟，成为了实力最强的房地产公司之一。

以后的四年里，张世玲更是充分利用时间，帮老板做成了好几个大项目，又忙里偷闲炒了大半年股票，为公司净赚了4000多万。这时老板升任张世玲担任了公司副总经理，并且分给她20％的股份。

又过了两年，公司改成股份制，老板当了董事长，第一任总经理就是张世玲。张世玲不仅在公司实行了厉行节约的管理制度，并且严格要求每一个员工必须将在岗时间全部都用来工作。所以公司上下每一个员工对工作都极其投入，并且办事效率也越来越高，大大推动了公司发展的进程。

她说："上班时间的浪费，是最大的效率和成本浪费。一个不能够充分利用上班时间为公司创造价值的员工，绝不是一名合格的员工；一个不能让在岗时间全都是工作时间的员工，绝不可能成为一名优秀的员工。"

在岗时间的浪费和低效工作是现代企业管理存在的普遍弊病，大多数的员工在上班时间，都因为这样那样的原因在干着无效的工作，甚至白白浪费大量的时间在上网、聊天、看娱乐新闻、玩游戏。尤其是办公室工作人员，因此工作效率低下，工作成本不断上升，不仅没有为企业创造任何价值，还严重影响了企业效益的提升。

上述案例中，员工们"忙里偷闲"的现象虽然体现了现代企业的一种现状，但是张世玲的"出现"和成功，才是本案例的亮点，也是职场人士应该关注的重点。她的成功不是偶然，她的身上几乎具备所有成功的因素和条件，比如说高效、节约、忠诚、敬业等，无论是习惯，还是职业道德品质，她都"注定"了会成为职场成功人士。

美国亚特兰大"个人生产效率辅导员"佩吉·邓肯则认为，很多人把时间浪费在找东西上。事实也正是如此，在上班时间，我们经常会为了完成某项工作，而查找资料、寻找用品、用具等，都花费很多的时间，不仅如此，等到找到这些资料、用品、用具等时，正式处理工作的时间已过了一大半。

大量的工作时间浪费，会让我们对工作产生懈怠心理，从而致使工作效率低下，工作成本不断攀升，久而久之会养成丢三落四的坏习惯。如果企业的员工都在一点一点地浪费着有限的工作时间，那么企业就会变成那棵被蚁虫侵食的大树，无论根基多么深，终有一天会轰然倒下。

三株口服液的声誉曾响遍全国，当时在保健品市场上独树一帜，成为行业巨头，短短 3 年时间可谓叱咤风云于市场。然而短短六七年时间，这个曾经拥有 15 万员工的庞大帝国一夕瓦解，引来的是一阵叹息，最为悲哀的是，巨人退出舞台，竟听不到一声惋惜和同情，当然，更没有谢幕的声音。

三株的失败，原因很多，其中非常重要的有两点：

一是员工严重缺乏节俭意识，比如说某些分公司单是浪费的广告费用就高达 70％的比重，还有些分公司一年的广告费就高达 39 万元之多，招待费将近 50 万元那是司空见惯……如此巨额的铺张浪费，像蚁穴一般使这个辉煌的帝国日渐走向衰败。

二是公司不讲工作效率、不讲经营效益的现象越来越严重，公司上下形成了"干的不如坐的，坐的不如躺的，躺的不如睡大觉的"的风气。大部分员工将在岗时间，全部浪费在如何谋取个人私利或应酬上，而不是将工作时间充分利用起来，为公司发展办实事，干"正事"。所以公司遇到危机时，不少员工竟然纷纷携款潜逃。

俗话说："创业容易，守业难。"对于一个国家是如此，对于一家企业也是如此，对于个人来说更是如此。无论是国家的基业，还是企业的事业，都需要作为其中一员的我们来坚守职责岗位，将自己的才能和精力充分发挥、运用在工作的每一分每一秒中，我们的工作才具有实实在在的意义和价值。否则，我们的国家，我们所在的企业，我们的个人前途，就会毁于一夕之间。

有关调查表明，一位员工在一天的工作时间中，实际在为公司创造利益的比重，也就是所谓有附加价值的部分，大约只占全部上班时间的50％，剩余50％的时间可能都用来喝茶、聊天等，并未真正产生效益。

所以，作为企业的员工，要想守住自己的职场发展"基业"，就必须要强化自己的岗位职责，将提高效率、节约成本落到实处，才能稳固企业的基业。只有企业的基业长青，我们才能在企业的平台缔造个人的基业长青。

第九章
永不满足、追求卓越是成功者的一流品质

　　优秀是一种习惯,成功是一种品质。一个优秀的人对待自己的工作,具有一种追求最好的职业习惯;而一个成功者则具有在自己的岗位上兢兢业业、尽职尽责,对成绩永不满足,对结果精益求精的优秀品质。知道了自己与他们的差别,我们在追求自己的成功道路上也就找到了前进的方向。

1.

你想遇见更好的自己，就要永不满足

对于人生，奥斯特洛夫斯基说：人生最宝贵的是生命，生命属于人只有一次。一个人的生命应当这样度过：当他回忆往事的时候，他不会因为虚度年华而悔恨，也不会因为碌碌无为而羞愧；在临死的时候，他能够说："我的整个生命和全部精力，都已经献给了世界上最壮丽的事业——为人类的解放而斗争。"

是呀，生命只有一次，每个人都不愿虚度青春，都想有一番作为，都想遇见那个更好的自己、更成功的自己。如何才能成为最好的自己呢？无论是已经成功，还是正走在成功路上的人，这都是一个值得认真思考的问题。

现实中，为什么幸运的人总幸运，为什么倒霉的人总倒霉？为什么有的人成功，有的人总是失败？两者之间到底有什么不同？也许对结果永不满足的心态是一个重要原因。由于对结果的不同追求，普通、优秀和卓越也就彼此区分了出来。

释倩是某外资企业的一名统计员，几年工作下来，她认真履行自己的各项工作职责，不断提高各项统计业务水平，爱岗敬业、求实创新，坚定不移地执行公司的各项决策。在日常工作中，她实事求是，积极进取，以自己的模范行为来影响、带动周围员工；以饱满热忱的工作心态，积极圆满地完成公司交予的各项工作任务，得到了上级领导的充分肯定及同事的认可，取得了较好的成绩。

爱因斯坦曾说过：人的潜能和创造力是无限的，关键是我们能够执著专注地去做一件事情。释倩正是拥有了这种执著，向着自己的目标一步一个脚印走到今天，才取得了这样的成绩。

起初接触统计工作，看到陌生的数字，她虽有些迷茫，但她深知一名统计人员的重要性，日报、月报、年报从统计科出去的每一个数字将代表着公司的生产状况，体现着公司的经营利润。怎样才能把每一件工作做细、做好呢？她在不断学习的过程中，总结相关理论知识，仔细研究各类数据的相连性，进而根据自己的工作，做出每天的工作计划，以确保各项工作顺利进行。

在统计过程中，她分门别类地整理好上报环保局、节能办等各项报表，防止了数据的遗失，保证出去的报表具有统一性。

作为一名统计人员，释倩积极学习统计制度及能源知识，按照规定及时报送各种统计报表和统计资料，保证统计数字的可靠性和准确性，做到不谎报、不瞒报、不漏报和不迟报，及时、准确地向领导上报每天的生产指标情况，为生产一线员工的指标调整及领导决策提供参考依据。

在工作进行中，释倩能够做到坚持原则，认真负责，努力贯彻执行集团公司的各项政策、法规；在工作作风方面，做到讲时间、讲效率，克服推诿、扯皮现象，该负责的认真负责，以公司利益为重，认真维护部门形象和个人形象，在员工中树立了良好的口碑。

自从踏上统计的工作岗位，释倩就兢兢业业、踏踏实实的工作作风，得到同事们的一致好评，带动了大家的工作积极性，让学到的知识在实践中得以运用，真正起到了"优秀员工"的模范带头作用。

作为企业的一名优秀员工，释倩成功的秘诀主要有三个，一是实事求是，扎实做好各项工作；二是踏实履行岗位职责，加强统计的准确性；三是工作中严于律己，不断提高自身水平。带着永不满足的工作精神，她几年下来赢得了属于自己的荣誉和地位，也成为这家外资企业领导眼中不可多得的优秀员工。

只要对工作的结果永不满足，每一个员工都可以使自己更成功、更优秀。而"优秀"本身就是一个形成良好习惯的过程，是一个不断学习的过程，是一个不断超越的过程，是一个不断完善的过程。只要我们不甘于平庸，只要我们不放弃追求，只要我们能够不断取长补短，我们就能成为一个优秀的职场人士，一个更好的自己。

只要我们认为自己是优秀的，那么我们就一定是优秀的。因为人一旦认定自己是优秀的，就必定以高标准严格要求自己，无论是内心还是行为，已经形成了一种追求卓越的惯性，那么在通往成功的路上，还有什么困难能够阻挡我们呢？

职场中，优秀源自对企业、对自己所在岗位的一种高度责任心，正因为有这种责任心的存在，我们才可能对自己的工作永不满足。

程杰是北京市朝阳区楼梓庄林业站站长，之前的他并没有什么惊天动地的壮举，也不是高瞻远瞩的领导，只是一名普通的基层园林绿化工作者。后来，他带头与国内顶尖科研团队合作，建成国内第一家规模化园林废弃物综合处理利用消纳站，成为国内园林环保的示范样板。

近年来，他先后多次受到北京市、朝阳区有关部门的表彰，共获得区级绿化美化积极分子奖励 5 次、市园林绿化局科技成果二等奖 1 次，被领导称赞为"有思路、有想法、顶得住、用得上的基层干部"。

2004 年，年近 50 岁的他被任命为朝阳区楼梓庄林业站站长。一般来说，作为基层绿化单位，只要完成好辖区内的绿化任务，就算是完成了工作。然而，已经到了知天命年龄的他似乎并不满足于这些，上任林业站站长不久，当他得知朝阳区要搞园林废弃物消纳项目后,立即从中"嗅"出了一些新的味道。

他是个胆大心细、有创新精神的人。他一边争取跑项目,一边认真调研,请专家论证。那段时间,他的心里只有一个想法,无论如何要把项目争取到自己的辖区内。他多次找相关领导游说,希望将试点项目落户他所在的金盏乡。其实按当时的情况来看,金盏乡并不是条件最好的项目实施地,但由于他态度非常积极,最终上级还是将项目落户在了金盏乡,并要求他作为项目第一责任人。

他为什么干劲十足?因为他坚信园林废弃物处理是一个有前景的环保技术项目,但他也清楚,要做好这项工作绝非易事。园林废弃物处理要求技术含量高,还涉及不同的学科。为此,他先后到市、区环保、园林、科技、农业等部门争取支持;到北京林大、北京农科院引进技术和人才。在得知北京市京圃园生物工程有限公司"有机废物微生物发酵生产生物有机肥技术"获得过国家环保技术大奖,并承担国家级星火计划项目、国家级火炬计划项目之后,他积极与这家公司洽谈。经过多番努力后,朝阳区园林废弃物处理基地正式建成。

从 2007 年启动朝阳区园林废弃物资源化处理与利用项目以来,消纳站已建立了占地面积 1400 平方米的生产线两条,以及库房、选料场、化验室、加工车间、办公室等配套设施;拥有 2000 平方米的加工车间,形成年处理园林废弃物 15 万立方米的能力;2010 年还新建成了用于田间试验、产品展示的 600 平方米温室。

北京市园林绿化部门和市政管理部门的领导都先后到达基地视察并对他为朝阳区生态环境的贡献给予了高度赞扬。与过去园林废弃物乱堆乱放相比,消纳站的建成不仅解决了安全问题,杜绝了火灾发生的危险,而且利用先进的生物发酵技术,大大提高了园林废弃物作为肥料、栽培基质的利用价值。

在进行生产销纳的同时,他还带领大家展开了多种研究试验，以园林绿化废弃物为主要原料的发酵技术和高温发酵技术，大大缩短了原料预处理周期，显著提高了替代基质的理化性质的稳定性。他带领团队开发出蔬菜花卉栽培基质以及有机肥类相关产品后，使得园林废弃物变废为宝，而且进入城市绿化循环过程中，正所谓"化作春泥更护花"。消纳站建立起来了，但他明白，目前的处理规模还远远不能满足发展的需要。于是，永远不知道满足的他又开始谋划更大的发展。

对很多像程杰一样的人，为什么总是有着永不满足的工作态度，归根结底还是因为在他们身上有着一种卓越的品质，即无论担任什么职务，无论做什么工作，都抱有精益求精的工作使命感和责任心。

精益求精就是把每一件事情都努力做对做到位。水温升到99℃，还不是开水，其价值有限；若再添一把火，在99℃的基础上再升高1℃，就会使水沸腾，并产生大量水蒸气来开动机器，从而获得巨大的经济效益。

其实，非凡和平庸其实相差并不多，也许就差一点，然而就是这一点却让很多人与成功总是擦肩而过。人类与青蛙之间DNA差异不到7％，而普通人与爱因斯坦之间的DNA差异也不过只有0.1％，但青蛙与我们，我们与爱因斯坦，却是天壤之别。所以，世上很多事最怕差一点。

如果我们想遇见更好的自己，对于自己所从事的工作就要有永不满足的卓越精神，不要差不多，只要无可挑剔；不要只满足于最好，还要通过不懈努力来追求更好。只有当我们具备了这种一流的品质，我们才不会虚度自己的青春，才会更容易实现自己的人生梦想。

2.

不断突破自我是超越他人的前提

一个剑客,他最大的失败不是输给对手,而是面对强大的对手时自己忘记了拔剑。为什么忘了拔剑? 是他在天下第一剑客面前失去了能赢的信念。剑未出鞘,便已诛心。其实,他真正惧怕的不是对面的天下第一剑客,而是自己那颗不敢拔剑的心。

电视剧《亮剑》中有这么一段话:古代剑客和高手狭路相逢,如果自己面对的是天下第一剑客,明知不敌该怎么办? 是转身逃走还是求饶? 亮剑,明知是个死也要亮出自己的宝剑。倒在对手剑下不算丢脸,那叫虽败犹荣。

其实,在人生的道路上,我们都是和自己赛跑的人。对我们来说,成功的真正意义是什么? 不是超越对手,而是超越自己。无论我们从事什么样的工作,只有能超越自己、战胜自己,我们就已经取得了人生的成功。

一次,一个日本的茶师去京都办事,当时的日本处在战国时期,兵荒马乱的。为了确保安全,他换了行头,穿上了套武士的衣服。

本以为穿套武士衣服就可以一路平安了,哪知快到京都时竟遇到了另一个武士。该武士见其气度非凡,就想和他切磋一下,但茶师不谙武士之道,就未予理会。武士大怒,形势也骤然升级,由原来的意欲切磋变成了角逐生死。

茶师见状不妙,只好将原委告知。武士疑其惧死而巧言令色,更是不依不饶。

茶师无奈,只好应允。他对那个武士说,我现在还有一件事没有做，你容我几个小时，我办完事再和你比剑。武士想了想，就答应了。

　　茶师直奔京城最著名的大武馆而去。见到馆主后，他说，求你教给我一种作为武士最体面的死法。馆主莫名其妙地说："来我这儿的人都是为了求生，你是第一个求死的，你是为什么？"

　　茶师就将那个武士要与自己生死角逐的事告诉了他。他说："我只会泡茶，却又答应了跟人家决斗，我想死得有尊严一点。"

　　馆主想了想说："既然你是一个茶师，那好吧，你再为我泡一遍茶。"

　　茶师很伤感，心想这可能是我最后一次为人泡茶了，所以他就做得很用心。他很从容地看着山泉水在小炉上烧开，很从容地把茶叶放在里面，洗茶、滤茶，然后一点一点地把茶倒出来，捧给这个馆主。

　　馆主喝了一口茶，说："这是我一生中能喝到的最好的茶，但是在这个时刻，我可以告诉你，你已经不必死了。"

　　茶师说："哦？你要教给我什么吗？"

　　馆主说："你只要记住，用泡茶的心去面对那个武士就可以了。"

　　茶师回去后见那个武士仍在那等他。武士很嚣张，拔出剑来，说："你回来了，那我们开始决斗吧。"

　　茶师想着馆主的话，用泡茶之心面对他，所以就不着急了。他笑着看了那个武士一眼，然后从容地把自己头上的帽子取下来，端端正正放在旁边，然后解开身上宽松的外衣，一点一点叠好，压在帽子下。

　　最后，他拿出绑带把自己里面的衣服袖口扎紧，再拿出绑带把裤腿也扎紧。他从头到脚，一点一点地在装束自己，一直气定神闲。对面这个武士越看越惶恐，不知道他武功有多深。

　　等到茶师全都装束停当，最后拔剑而出，挥向半空，接着棒喝一声，停在了那里。因为他也不知道再往下该怎么用了。

他停在那以后，对面的武士噗通就给他跪下了，说："我输了，你是我这一辈子见过最有武功的人。"

本是一场毫无悬念的比武，胜败不用比我们也心知肚明。结果却出乎意料，茶师居然胜了，而且仅仅只是拔出了剑，一个回合都没打。茶师胜得糊里糊涂，但那个武士却败得五体投地。

自我否定是一切失败的根源，相信自我是一切成功的前提。在人生的方方面面，我们如何来看待自己，本身就决定了我们如何来对待自己正在遭遇的一切。生活中，很多事，很多挫折，很多不能实现的目标，很多不能完成的任务，我们之所以不能做好、克服、完成、实现，不是因为它们无法解决，完成不了，而是我们顾虑太多，担心自己没有那个能力。

做好本职工作，完成领导指示，和同事相处融洽，这是作为一名合格员工最基本的职业素质。而若想成为一名优秀员工，则需要我们在工作中不断突破自我、提升能力，将自身能力全面提高，才会为将来更大的成功增添砝码。

如果我们渴望成功，那么首先要让自己成为一个能突破现状、超越自己、追求更完善的人生的人。工作中，不要以工资少、职位低、能力差而成天自怨自艾，而是应该以一种更加自信的态度，凭着毅力、信心向自己发起挑战。人生遭遇挫折和失败并不可耻，可耻的是从此一蹶不振，再也站不起来，不再敢接受挑战和面对现实。

人生不能变得优秀就是一种失败。上天给我们生命，绝不是平白无故的。生活中，常常会听到彼此间打招呼时会问：最近过得怎样，而回答几乎都是千篇一律："一般般，混口饭吃。""还是小职员一个。"为什么他们总是如此说呢？那是因为他们缺少了自我挑战、自我突破的想法，总是以为安于现状即是福。这样的人，再过十年也是停留在原地，无法前进。

职场中，竞争越来越激烈，竞争对手似乎也越来越多，越来越强。如果自己仅仅是一名普通员工，那么拿他们与自己比，也许越比越没有自信，越比越自卑，以致最后，甚至连超越他们的勇气都没有了。

其实，我们不能总是错误地将眼睛盯在他人身上，而应该把目光更多地放在自己身上。因为我们真正要超越的首先不是他人，而是我们自己。不断突破自我是超越他人的前提，一个人只有在他不断地突破自我时，才会猛然间发现，原来很多看似不能跨越的高山、不能超越的对象早已被自己远远地抛在了身后。

3.

从我做起，做榜样员工

在很多企业，大家常常发出这样的感慨：同一个单位，同样的学历，为什么总是有的人业绩更好，工资更高，进步更快，更能够获得领导和同事们的信任，而自己却一直默默无闻，工资不见涨，职位不见升，一年到头一点盼头也没有。

对于企业里的优秀员工，或领导眼中让大家学习的榜样员工，一些人除了嫉妒和羡慕之外，还会在心中滋生出一种不以为然的逆反情绪，觉得自己跟他们根本不是一路人，"他走他的阳关道，我过我的独木桥"。由于不能深入了解榜样员工的所作所为、所思所想，所以我们也只能在自己的路上越走离成功越远。

对于想成功的员工来说，没有人会对成为一名优秀员工而无动于衷。然而，想要成为优秀员工，成为大家学习的榜样，我们首先就应该去走进优秀员工的工作之中，看看他们是如何工作的，当工作出现问题时，他们又是如何来对待它们的。只有这样，我们才能懂得如何成为一名优秀员工。

祝广顺在一家水厂工作，凭着对本职工作的无限热爱和自己的不懈努力，三年后，他被水厂评为优秀员工，成为了大家学习的榜样。

从那以后，他就以更加饱满的热情投入到了工作之中，并用精益求精的精神将自己的本职工作做好、做精。因为他知道，既然自己是大家学习的榜样，那么自己就更应该拿出榜样的带头作用，这样才不辜负领导对自己的信赖。

为了能让矿区居民喝上优质的自来水，他深感责任重大，不敢有丝毫懈怠。在他看来，自己的工作意义重大，是公司对油田居民的一种承诺，一种责任。带着对工作的荣誉感，他一直默默无闻地努力工作着。

每次对水源站里的过滤罐防腐时，他总是第一个爬上好几米高的罐上，除锈刷漆。每次清洗回收池的时候，他经常是第一个穿上靴子跳进池内里。时间长了，同事们被他的一举一动所感动，再有什么工作时就主动跟着他一起干。

为了能把公司的水站建设成为花园式水源站，已经被提升为站长的他带领全站职工开始搞绿化工作。但由于资金缺乏，没有花种，他就到亲戚、朋友家去要；没有土壤，他就带着大家推车到矿区外的小树林去挖；没有方砖，他就动员大家去捡矿区物业废弃的方砖。就这样，靠着他们自己的努力，一段时间后，水源站发生了巨大的变化，到处窗明几净、绿草如茵。

有一次，他们站的职工在检查时，发现清水池水位明显下降，一旦没有了水就会耽误用户用水。刚回到家的他接到通知后顾不得照顾独自在家的女儿，又急忙返回水源站。经过细心的检查、分析，最后判定是单井出现问题。

这时已经耽误了很长时间，他顾不得叫巡井工，自己骑上自行车便向单井驶去。因为不知道是哪口井出了问题，他只好一口一口地巡查。由于水源站外围的单井都很分散，想要一下就找到很不容易。

当时天已经很黑了，天空还下着毛毛细雨，他骑着自行车穿梭在野外，当时他心里只有一个想法，就是赶紧找到故障井。终于，在他来到一个单井时发现了故障。他顾不上喘口气，马上排除故障，并重新启动单井，然后回到水源站，直到看到清水池的水位正常了，他才匆忙赶回家，而那时已经是半夜十二点多钟了。

也许此时此刻我们还并不是企业里的优秀员工，但至少我们要有做优秀员工的心理准备。想要拥有一流员工的职业素质和品质，我们首先所需要的就是"从我做起"，让自己也像一个优秀员工一样，用全力以赴、尽心尽职、永不满足的态度去工作，去解决问题，去用结果赢得属于自己的荣誉和骄傲。

在很多企业和单位，许多员工不仅不知道凡事从我做起，做企业和团队的榜样员工，而且还在工作中依然保持着遇事推诿、逃避责任、置身事外、明哲保身、不求有功但求无过的工作习惯。带着这样的心态去工作，即使我们天天梦想着成功，又能有什么用呢！

只有每一个组织成员都养成"从我做起"的思维习惯，在工作中追求卓越，永不满足，争做企业的榜样员工，我们才会在工作中渐渐明白自己有哪些不足，应该如何做才会得到领导的赏识。

以会计工作者为例，如果我们想成为老板心中的优秀员工，一名出色的会计员，就应该让自己在会计工作中加强职业道德建设，规范会计行为，保证会计资料的真实性、完整性，加强企业财务管理。

为"从我做起"，做企业的榜样员工，作为一名企业会计必须要有爱岗敬业、诚实守信、廉洁自律、客观公正、坚持准则、提高技能、参与管理、强化服务的会计人员职业道德素质，牢固树立良好的职业形象和职业人格尊严，以"从我做起"来推动企业会计工作的新发展。

想成为一名优秀的会计，工作中就要坚持诚信为本。一名优秀的会计人员要有实事求是、求真务实、诚实守信的职业品质；要有依法理财、客观公正、廉洁自律的工作作风；要有遵纪守法、遵循准则、恪尽职守的工作纪律。

　　一个有过硬职业道德的会计人员，必然是一个有过硬的政治思想、有熟练的业务技能并模范执行财会法规、忠实维护财经纪律和敢于同一切违法乱纪行为作斗争的人。在遵循会计准则，保证各项会计技术准确、规范地贯彻执行的同时，还要硬化会计法律法规的严肃性；细化会计制度的实施；亮化会计基础工作的规范管理；强化会计监管力度的工作方法。

　　其实职场中，无论我们从事何种职业，担任何种职务，想要更成功、更优秀，就应该以榜样员工的行为和工作方式为自己的做事标准，并坚持凡事从我做起，而不是习惯性地将责任和难题推卸给他人。

　　己所不欲，勿施于人。很多事情，如果连我们自己都做不到或不想做，又怎能要求他人去做呢？如果我们凡事能从我做起，做企业的榜样员工，自然就会在无形中影响自己周围更多的人。而当他人都以我们为学习榜样的时候，我们离优秀和成功也就不远了。

4.

勇于创新是提升自身价值的筹码

　　在美国有一个还不到六岁的小女孩，叫玛利亚，令所有人都不敢相信的是，她居然凭借着自己的创新思维赚到了百万美元。后来，她作为最年轻的百万富翁和最年轻的商人被载入了《吉尼斯世界纪录》。

　　玛丽亚出生在美国萨尔瓦多一个贫穷的印第安人家庭。6岁时，有一天她随父亲到著名玩具商唐纳德·斯帕克特的家里擦洗玻璃窗，正好碰见了手里拿着玩具的斯帕克特。斯帕克特问她："你喜欢这些玩具吗？"

她回答道："你手里的这些玩具我都不喜欢。"然后逐一地数落起这些玩具的缺点来。斯帕克特感到这是一个与众不同的小女孩，于是把她带到屋里，将各种玩具摆在她的面前，征求她的意见。

玛丽亚的意见说得那么准确、那么切中要害，斯帕克特十分高兴地聘请她做公司的设计顾问，并签订了一项长期合同。斯帕克特在谈到为什么聘请6岁的玛丽亚做公司的顾问时说了这么一番话："所有的玩具设计师都有一个通病，那就是我们早已成为成年人，失去直接反应的能力，眼光陈旧，缺乏激情。"此后，经小玛丽亚鉴别过的玩具给公司带来了丰厚的利润。

江泽民曾说过"创新是一个民族进步的灵魂，是国家兴旺发达的不竭动力"。企业作为国家经济发展的发动机，如果缺乏创新，不仅自己会遭受市场淘汰，同时也会使一个国家的发展速度放缓。

随着市场竞争的日渐白热化，创新越来越成为企业决胜市场的第一张重要王牌。对于企业来说，何为创新？其实就是要不断战胜和超越自己，也就是确定目标，不断打破现有平衡，再建立一个新的不平衡，并在新的不平衡的基础上，再建一个新的平衡。

格兰仕公司最早是一家做鸡毛毯子、羽绒制品的公司，1992年转产转制后开始全力以赴生产微波炉。现在已经是公司副总裁的陈曙明，在格兰仕进军上海市场的时候，抓住上海人的心理特点，用创新的方式进行销售，不但打开了上海市场，而且很快就在全国市场占领了有利的位置。

海信集团的李砚泉为了帮公司提高产品竞争力，在短短一周的时间内对日本三洋机芯进行了改造，使之更适应中国的市场。之后他又自己创新设计了电视主板，彻底代替了三洋的产品，此举为海信创造了很好的经济效益。

联想集团的陈绍鹏顶着重重阻力，为联想打开了同行都认为不太可能的中国西南地区的市场，为联想公司开拓了一个拥有巨大前景的市场，同事也都夸他具有"把冰激凌卖给北极熊的本领"。

一个企业没有创新力，迟早会遭遇市场淘汰。海尔 CEO 张瑞敏曾说过这样一段话："企业不断高速发展，风险非常大，好比行驶在高速公路上的汽车，稍微遇到一点屏障就会翻车。而要想不翻车，唯一的选择就是要不断创新。"

曾经为众人熟知的"大大泡泡糖"制造商佳口食品，同样因为没能跟随市场的变化开发出受大众喜爱的新产品，而失去了继续发展的后劲和动力。曾经辉煌一时的福特帝国，就因为老福特固守于自己发明的 T 型车而不进行创新，导致了"一代帝国"逐渐淡出了汽车争霸擂台的结局。

在酷热的烈日下，一群饥渴的鳄鱼陷身于水源快要断绝的池塘中。面对这种情形，只有一只小鳄鱼起身离开了池塘，它尝试着去寻找新的生存的绿洲。塘中之水愈来愈少，最强壮的鳄鱼开始不断地吞噬身边的同类，苟且幸存的鳄鱼看来是难逃被吞食的命运，然而却不见有鳄鱼离开。

池塘似乎完全干涸了，唯一的大鳄鱼也耐不住饥渴而死去了。然而，那只勇敢的小鳄鱼呢，它经过多天的跋涉，幸运的它竟然没死在半途中，而是在干旱的大地上，找到了一处水草丰美的绿洲。如若不是小鳄鱼勇于尝试，寻求另一条生路，那它也难逃丧生池塘的厄运；而其他的鳄鱼，如果它们不安于现状，勇于尝试，那么它们又怎会落得身死干塘的可悲结局！

物竞天择，勇于创新者生存。这是市场铁的规律。一个企业若不能持续创新，就随时会面临市场威胁；而在企业里，勇于创新同样是一个人提升自身价值的重要筹码。

如果一名员工没有足够的创新能力，就很难使自己的事业上升到一个更高的高度。一流员工主动创新，二流员工被动创新，末流员工拒绝创新。不管你现在觉得自己是几流员工，如果想要摆脱困境，想要突破自己，就必须认识到勇于创新对于自己是多么重要。

美国有一家生产牙膏的公司，产品优良，包装精美，深受广大消费者的喜爱，每年营业额蒸蒸日上。记录显示，前十年每年的营业增长率为 10—20％，令董事部雀跃万分。不过，业绩进入第十一年、第十二年及第十二年时，则停滞下来，每个月维持同样的数字。

董事部对此三年业绩表现感到不满，便召开全国经理级高层会议，以商讨对策。会议中，有名年轻经理站起来，扬了扬手中的一张纸对董事部说："我有个建议，若您要使用我的建议，必须另付我 5 万元！"

总裁听了很生气说："我每个月都支付你薪水，另有红包奖励。现在叫你来开会讨论，你还要另外要求 5 万元。是否过分？"

"总裁先生，请别误会。若我的建议行不通．您可以将它丢弃，1 毛钱也不必付。"年轻的经理解释说。

"好！"总裁接过那张纸后，阅毕，马上签了一张 5 万元支票给那年轻经理。那张纸上只写了一句话：将现有的牙膏开口扩大 1mm。

总裁马上下令更换新的包装。试想，每天早上，每个消费者多用 1mm 的牙膏，每天牙膏的消费量将多出多少倍呢？这个决定，使该公司第十四年的营业额增加了 32％。

看完这个故事，可能你的第一反应是，"哇！就这么一句话就值 5 万元呀。"对企业来说，这句话所带来的利润又何止 5 万。如果他不提前拿走那 5 万元，可能到最后他得到的奖金并不会比 5 万少，而且还会有相应的其他奖励，如加薪、升职等。

尽管我们并不太认可那位员工急功近利的做法，但我们不得不佩服他独到的眼光和创新办法。可能当我们知道谜底时，并不觉得这个所谓创新有多高明，但正是这一个小小的改变，让那家企业销售形势反败为胜，不仅遏制住了营业额的下降，而且还使该企业的营业额实现了一个新的突破。

这就是创新所带来的自我价值筹码，关键时刻的一次创新，有时不仅可以使我们挽救企业于狂澜,而且还能使我们自身的价值得到最好的证明。也许只是一个小小的提议,也许只是瞬间产生的灵感,就可以产生"四两拨千斤"的效果,在使自己的业绩得到有效提升的同时,还给企业带来了丰厚的经济效益和广阔的发展空间。

善于创新的金牌员工不会满足于把工作做到"尚可"的程度,也不会被现有的困境所局限,因为其身上有一种追求卓越、永不满足的一流品质。工作中,他们会充分调动、整合所有能够挖掘的智慧与资源,创造性地完成任务,使工作达到"完美"。

作为企业的一员,若想让自己变得优秀,若想更大程度实现自我价值,就应该努力培养自己的全局视角,将自己的得失与企业的成败紧紧关联,用创新的头脑为企业带来最大化收益的同时,也加重自己在职场中的价值筹码。

5.

对工作精益求精,成为行家里手

"精益求精",就是好了还求更好。对工作精益求精,就是将工作做到无可挑剔。其实,现实中很难找到一个能够把工作做到无可挑剔的人。因为完美即无可挑剔,哪里有完美无缺的工作结果,有的只是追求完美的态度。

抱着精益求精的心态来工作,工作才可能更加接近完美。然而这种工作态度却不是每个人都能具备的,因为这种态度背后所包含的是一种品质、一种能力、一种素养、一种要求。一个人若能抱着精益求精的态度去工作,做好自己的本职工作,那么毋庸置疑,他一定能成为一个行家里手。

成功的人生，源于在自己所在的位置上对"精"的不懈追求。一个人有了"精"的理念，就会有"精"的追求、"精"的目标、"精"的行动，而在这样的工作状态下，就一定会出成果、出精品，也会使其脱颖而出，成为企业出类拔萃的人才，一个更能赢得领导信任和依赖的人。

如果一个人不能专注于自己的本职工作，且总是心猿意马，想着工作以外的事情，那么就算他在其他方面做得再好，对于本职工作来说也是不称职的。俗话说，在山言山，在水言水。在什么位置，就要做好什么事。而有人却是经常在别的方面是行家里手，在自己的本职工作上却屡屡失手，总是被突如其来的问题打得措手不及。

北宋有两个皇帝很值得借鉴。一个是宋仁宗赵祯，另一个是宋徽宗赵佶。清人王士祯在其《池北偶谈》中，评价过这两个皇帝时说："宋徽宗百事皆能，唯独不能为君；仁宗皇帝百事不会，只会做官家。"

意思就是说，作为皇帝的徽宗，其他很多方面都是行家里手，唯独皇帝做得是一塌糊涂。的确，宋徽宗能书善画，其书法结构修长，笔姿瘦硬挺拔，号称"瘦金体"；绘画则擅长花鸟，姿态生动，形象优美，时称一绝。然而，他偏偏不务正业，不会当皇帝，致使民不聊生，怨声载道，终于激起了宋江、方腊为首的农民大起义；又有奸臣引狼入室，金兵猛烈进攻京城，掳走徽、钦二帝，北宋败亡。

而宋仁宗则恰恰相反，虽说琴棋书画等其他方面都不行，都不会，但作为皇帝，他是最称职的，最会当皇帝，即坚守岗位，做好本职工作。他在位期间，北宋经济、文化都有较大发展。他做了四十二年的太平天子，死时讣告送到辽国，"燕境之民无远近皆哭"，连辽国皇帝耶律洪基也握着使臣的手号啕哭道："四十二年不识兵革矣！"

由此看来,一个人其他什么都可以不会做,但对自己的本职工作却不能不会,而且,对自己的本职工作要精益求精,成为行家里手。在企业里,许多员工做事不讲精益求精,只求差不多。尽管从表面来看,他们也很努力,也付出了很多,但结果却总是无法令人满意。而作为一名想有所作为的员工,我们无论做任何工作,都应该以精益求精的工作态度来要求自己。

凡是成功者,在工作中,都有追求精确的精神。而敷衍了事却是一些普通员工常犯的毛病。他们做一天和尚撞一天钟,对于领导布置的工作,从不认真去做,而是敷衍塞责,做一些表面文章来应付。

精益求精是一流员工的卓越品质,也是成为专家型员工的必经之路。一个人若想追求精益求精,就要杜绝敷衍了事的态度。无论做什么工作,都应精益求精,把工作做到位,这样才能提高工作效率和工作质量,才能获得晋升和加薪的机会。

现在的郑学忠是浙江某中学的校长,他身材魁伟,不苟言笑,做起事情来喜欢深思熟虑,总是一副不做到最好不罢休的架势。在其30余年的教学和管理实践中,他用细心和赤诚践行着自己对崇高教育事业的追寻。

1981年9月,年仅20岁的他从杭州师范学院数学系毕业,怀着满腔青春热忱走上了母校临安市昌化中学的讲台。面对一双双曾经和自己一样渴望却调皮的眼睛,他忽然感受到教育不同其他职业的挑战:教师应该不只是一个职业,他需要全心的付出,全力投入。从此,他以爱为基点,在教育这块沃土上植下了根,开始了教书育人的辛勤旅程。

数学是一门思辨性很强的学科,如果自己没有过硬的基本功,没有驾驭这门学科的艺术本领,是很难赢得学生欢迎、取得教学成功的。为此,他狠练内功,既夯实自己的本体性知识,又摸索教与学中的实践性知识,并从中充实自己的条件性知识。

个别学生基础差,一时听不懂课,他就难以入睡,反思自己的教学。第二天，他就利用自己的休息时间，把学生领进办公室，一点一滴地启发引导，一直帮学生弄懂为止。他的眼里从来没有差生，所以也从不放弃任何一个学生。

他经常向老教师请教，向同辈学习。读书，教学，思考，探索，总结，这是他教学工作的五部曲：以教促读，促思；以读、以思促教。从冬走到春，又从春走到冬，这一路不知洒下他多少汗水。他用汗水浇灌了自己理想的花朵，那些花朵又化成了学生美丽的笑靥，也化成了学生家长满意的微笑。

他一共带了 12 届高三，并且都取得了可喜的成绩。2002年他在分管教学的副校长的职位上，又兼任了高三(6)班文科班的课程。文科班的学生对数学都有一种普遍的畏惧感，学生的心理素质脆弱，数学基础普遍较差。针对这种情况，他先从端正学生的态度入手，矫正学生眼高手低，不愿做数学题，更不愿思考数学题的习惯。

温同学就是这一类学生的典型。他好动，上课注意力不够集中，做题又不喜欢按步骤演算，有时甚至根本不做题。面对这种状况，他意识到只有先纠正这位同学的不良学习习惯，才有可能调动其他同学的学习积极性。为此，在教学过程中，他经常采用多种灵活的方式来提高学生的学习兴趣，调动学生的积极性。

每天细心研究这位同学的心理状态，然后对症下药：晓之以理，授之以法，动之以情。在"三管齐下"的感化下，这位同学的思想发生了根本的变化，数学成绩从全班的下游而跃升为本班高考的第一名。这一年，这个班的数学高考平均分超过了省平均分，在南湖高级中学传为佳话。

无论是在教育管理还是教学岗位上，凡是要求别人做到的，自己一定先做到。2008年已经是总支书记和校长的他，还是不改"忙里偷闲"的习惯，每周定时抽出时间为文科重点班的学生辅导数学，学生也喜欢他的课，即使要体育训练或学艺术，时间很紧张，他的课学生从来也不缺，因为学生们喜欢。看到不是自已任课老师的校长"义务"来辅导,也更加坚定了学好数学的决心。

精益求精是一种作风,当把它用于工作时,那么工作注定叫事业;满腔热忱是一种态度,当把它用于事业时,那么事业必然会成功。在职场中,作为一名渴望成功的员工,工作时就要以精益求精的精神去做事,因为只有这样才能使自己的能力得到提高,使自己的经验更加丰富,成为一个名副其实的行家里手,同时也只有成为本职工作上的专家型员工,才能有机会胜任其他更重要的工作。

6.

成功,就是一个"滚雪球"游戏

有的成功就像滚雪球,以一个小成功为起点,一路滚下去,变得越来越成功,而且下一个成功总是更比上一个大一些。结果,雪球在往下滚,人生在往上走,在这场"滚雪球游戏"中一路过关斩将,步步高升。

有的成功也像滚雪球,也是以一个成功为起点,然后却一路向上滚去,变得越来越难以成功,而且等待他的下一个结果总是一个比一个更糟糕。结果,雪球在往上滚,而其人生却不停地往下走,可谓是一泻千里、每况愈下。

同样都是在玩一场关于成功的"滚雪球"游戏,为什么两者的结果却如此不同?原因不是其他,关键看我们的雪球在向哪个方向滚动,是向下,还是向上。雪球是什么?其实就是每个人面对成功时的不同心态,是骄傲自满、高高在上,还是不骄不躁、再接再厉。

有一次，齐国的国君要封扁鹊为"天下第一神医"。然而扁鹊却坚决不受，说自己并不是天下第一，自己的两个哥哥医术都比他高明。国王闻之稍感不解，问道："既然你的两个哥哥的医术都在你之上，为何此二人名不见经传？"

扁鹊答道："我二哥扁雁能够治大病于小恙，还在那些重大疾病只出现微小症状之时，就能加以诊断并及时根治。所以他只是在家乡的村里小有名气，村里人知道有小毛病可以去找二哥。而大哥扁鸿的医术更加出神入化，能够防病于未然，只要看人一眼就可以判断出这个人可能得什么毛病，然后在其得病之前就及时治疗。所以只有家里人知道大哥的医术高明，连村里人都不知道大哥的水平。"

说到这儿，扁鹊面带惭愧，继续说："只有我扁鹊，既不能治大病于小恙，又不能防病于未然，等到我妙手回春时，病人已经病入膏肓了，所以我的两个没有名气的哥哥才是神医，而我只是名满天下的名医。"

后来，扁鹊并没有因为把自己贬低为第三而影响他"天下第一神医"的称号，甚至可以说正是因为他的谦虚反倒成就了他更大的名声。谦虚是一种心态，骄傲也是一种心态。绝大多数人的成功都源自谦虚的心态。如果第一次成功后，我们不能及时意识到谦虚的重要性，不能摆脱骄傲的魔障，那么接下来，我们继续成功的脚步就会被迫放缓，乃至主动要与失败遭遇。

我们常说，虚心使人进步，骄傲使人落后。成功后，只有当一个人懂得谦虚，并平心静气地继续前行时，他才能在接下来的挑战中不断看到自己的不足，找到自己需要提高的地方。因为能把心态放得很低，所以就能对自己的弱点看到更清楚。一个人只有对自己认识越深刻、越清楚，他才能更准确地掌控什么事该做，什么事不该做，什么事必须做，什么事不能做。知其能为而为之，知其不能为而弃之，这就是为什么很多人总能不断取得成功的奥秘所在。

人生的每一个成功都是一个不大不小的挑战，更准确地说，我们所挑战的不是成功本身，而是自己能力的局限。为什么有些人能成功，有些人不能成功？为什么有些人只能取得小成功，而有些人则能获得大成功？其中的很多问题，虽然有外界原因，但更多还是我们自身的问题。

中国古代思想家庄子说："吾生也有涯，而知也无涯。"他很明确地指出了学无止境的道理。也就是说，假如我们知道的是天上的"一颗星"，那么我们所不知道的就是除这颗星星外的整个宇宙。所以，一个人，想要获得真正的成功，就要学着把自己的心态放平，让自己虚怀若谷。如佛家讲的空杯心态，如果我们不懂得及时把杯子中已经变得骄傲自满的水倒掉，那么就很难有空间容下其他东西。

著名数学家笛卡尔说过："愈学习，愈发现自己的不足。"的确，一个人只有通过不断的努力学习，不断拓宽自己的知识领域，在头脑中储蓄更多有用的信息，他才能真正领悟到"知也无涯"的深刻含义。这样他就不会再摆出一副老子天下第一和妄自尊大的架势了。

谦卑是一种睿智。许多人对牛顿晚年的一段话不解。他说："在科学面前，我只是一个在岸边拣石子的小孩。"牛顿并非伪逊，实为感叹。爱因斯坦正是发现了牛顿经典力学在特定情形下的谬误后，才发现了相对论。这一点，牛顿即使活着也不会惊讶，因为他从不为曾创立经典力学的定律而狂妄。其实，所有称得上大师的人身上都有着谦卑的人格魅力。

1997 年 10 月 15 日凌晨，朱棣文在睡梦中被学生叫醒，得知自己获得了诺贝尔物理学奖。他很高兴，却没有被喜悦冲昏头脑。上午 9 时，斯坦福大学为他的获奖举办了一场临时记者招待会，校长盛赞他是一位伟大的物理学家，朱棣文却特地更正说："不，我只是一位普通的物理学教授。"

当记者问他获奖后的感想时，朱棣文说："对于这次获奖，我深感高兴和荣耀，毕竟我们的研究被认同了。但我还是我，跟昨天没有什么两样，我将一如既往地进行我的研究和教学工作。获奖只是说明我的运气比较好。想想还有这么多比我杰出的科学家都没有得奖，我便不会把它看得太重。"

上午10点，记者招待会结束，朱棣文和往常一样，背着背包赶着去给学生上课去了。当天下午，在物理系楼下的草坪上，师生们为朱棣文举行了一场别开生面的香槟庆祝会，大家频频举杯祝贺这位最新诺贝尔奖得主。

朱棣文感谢人们的祝贺，并且表示：斯坦福大学有着出色的学术研究环境，培育了许许多多的优秀人才，自己只是其中较为幸运的一个。他还说，自己取得的成就离不开自己的父母和家庭。他还谦虚地自我评价道："我并不是非常聪明，我的智商并没有上升，也许它还有所下降。瞧，我不是爱因斯坦，我并不是人们所认为的聪明的那种人，我只是一个善于思考的人。"

有句格言说："虚心的人十有九成，自满的人十有九空。"对一个想通过挑战自我获得更大成功的人来说，只有做到谦虚慎行，不断进取，永不满足，那么更多成功才会不请自来。谦受益，满招损。有些人由于不懂得谦虚的重要性，取得了一点点成绩就沾沾自喜，被眼前的胜利冲昏头脑，往往就会因骄傲自大而陷入昙花一现的人生境况。

2012年10月11日，对于中国文坛来说，是一个值得庆祝的日子，中国第一位诺贝尔奖得主诞生了。获知这一消息后，全国各地的记者云集山东高密，在接受采访时，诺贝尔文学奖获得者莫言谦虚地说："我的心情很高兴，刚听到这个消息的时候，我有点吃惊，因为我想我们全世界有许多优秀的文学作家都在那排着队等候，要轮到我这么一个还相对年轻的作家，可能性很小。"当记者提到诺贝尔文学家是世界上最高的文学奖项时，莫言并不同意这一说法，他这样说道："这是一个重要奖项，绝对不能说是一个最高奖项，诺贝尔文学家只是代表了诺贝尔文学奖评委的看法和意见。如果换了另一个评委小组，可能得奖的未必是我。"

听了莫言的这番话，也许能让我们从另一个角度理解莫言成功的背后到底是什么在支撑着他一路走到了现在，到底是什么使得他能够如此受到广大读者的喜爱。因此，我们要说，谦虚是一种美德，它在一定程度上反映出一个人的优秀品质。

　　职场中,当获得成功的时候,我们要以一种冷静的心态去面对,而不能头脑发热、过分自吹,更不能胡编乱造。老子说:知人者智,自知者明。只有谦卑才能明智。谦卑才能目中有人,目中有人才能以一颗永不满足的心继续在成功的路上不断地自我突破。

职场箴言

成功学语录

1. 成功是需要付出代价的,成功者的常态往往是普通人眼里的"变态"。

2. 今天的果不是过去两三个月的因而成,而是过去两三年的努力形成,所以定目标,一定要看三年后。

3. 成功者在问题中找机会,失败者在机会中找问题。

4. 为了把明天的工作做好,最好的准备是把今天的工作做好。

5. 企业高层成功的关键是把下属变成人才,基层成功的关键是把自己变成能做好工作的人才,并体现在工作成果上。

6. 恰恰是在劳动中,也只有在劳动中,人才是伟大的,他越热爱劳动,他本人也就越伟大,他的工作也就越有良好的效果,越丰富多彩。

7. 缺乏对事业的热爱,才华也是无用的。

8. 要让事情变好,先让自己变好;要想事情变得更好,首先自己要变得更好!

9. 不怕吃苦的人,只吃一阵子苦;怕吃苦的人,吃一辈子苦。

10. 成功不是能不能,而是要不要;成功者,只是多了份坚持,因为成功者想要成功,而不考虑能不能成功。

11. 选对企业、做对事、用对方法,职场成功一生。

12. 大成功靠团队,小成功靠个人。

13. 你认为自己是什么样的人,你就将成为什么样的人,所以成功与否,与别人没有关系,那是你自己的事情。

14. 如果说,智慧和勤奋犹如金子般珍贵,那么,比智慧和勤奋更为珍贵的便是忠诚。

15. 能力是品德的资本,品德是能力的统帅,所以有能力,还要学会用好的品德管理,这样才能做出好的结果。

16. 当你学会爱上一份你并不是很喜欢的工作时,你已经走在了成功的路上。